摄影的黄金时间

高振杰 著

视觉中国 500px 供图

中国摄影出版传媒有限责任公司
China Photographic Publishing & Media Co., Ltd.
中国摄影出版社

图书在版编目（ＣＩＰ）数据

摄影的黄金时间 / 高振杰著；视觉中国 500px 供图
. -- 北京：中国摄影出版传媒有限责任公司，2024.1
ISBN 978-7-5179-1374-0

Ⅰ．①摄… Ⅱ．①高… ②视… Ⅲ．①摄影光学
Ⅳ．① TB811

中国国家版本馆 CIP 数据核字 (2024) 第 022752 号

摄影的黄金时间

作　　者：高振杰
供　　图：视觉中国 500px
出 品 人：高　扬
策划编辑：郑丽君
责任编辑：刘　婷
装帧设计：冯　卓
出　　版：中国摄影出版传媒有限责任公司（中国摄影出版社）
　　　　　地址：北京市东城区东四十二条 48 号 邮编：100007
　　　　　发行部：010-65136125 65280977
　　　　　网址：www.cpph.com
　　　　　邮箱：distribution@cpph.com
印　　刷：北京地大彩印有限公司
开　　本：16 开
印　　张：16
版　　次：2024 年 8 月第 1 版
印　　次：2024 年 8 月第 1 次印刷
ＩＳＢＮ　978-7-5179-1374-0
定　价：98.00 元

前　言

　　时间无限向前，有限的我们有幸搭上时光列车，看一段人生风景。更为有幸的是，我们所拥有的摄影，可以帮助我们凝固时光、收藏时间。此外，当我们给时间赋予摄影的意义时，时间便具有了审美的内涵。在摄影人的眼中，时间是明暗变化的光线、冷暖相间的色彩、瞬息万变的风景……时间是无限瞬间的光影片段。

　　面对触目可及的光影，摄影人在一次次的感光实践中，学会了选择。每一天中总有那么一段时间，光线像是穿上了色彩的外衣，华丽多变，赋予景物以不凡的样貌。摄影人开始不断追逐、研究和表现它，渐渐地，它有了一个响亮的名字——黄金时间（光线）。

　　正是基于黄金时间在摄影中的这种独特的魅力，方有此作，也希望能够借此给予在黄金时间进行激情创作的摄影人以拍摄上的参考。当然，关于黄金时间，一家之言难以概全。时间的流动性带来的无限可能让现场拍摄充满了变量，也正因如此，摄影才变得更具有创造力。在摄影过程中，本书或许可以给摄影人在理论和技术层面提供一个基础性的知识坐标。在这一坐标下，拍摄者面对黄金时间时可以更加从容且有的放矢，甚至可以在不断的实践中，发挥和拓展出自有的一套"黄金秘法"，打破书中的既定规矩，实现超越。

　　最后，是感谢。衷心感谢中国摄影出版社高扬社长、策划部主任郑丽君老师对我的鼓励和鞭策！感谢视觉中国 500px 图库，以及众多优秀摄影师创作的作品支持！若没有他们的帮助和付出，就没有本次对"黄金"内容的系统梳理和交流机会，是他们的信任和支持，给了我写作的动力。

　　当然，笔者虽认真书写，但也仅是一家之言，恐有不妥和遗漏之处，还望读者朋友多多海涵、指正。

高振杰

2023 年 7 月

目　录

Chapter 1

黄金时间

= 黄金光线 + 最佳拍摄对象

如果我们试着观察一天当中的光线，随着太阳的东升西落，会发现不同时段中的光线明明暗暗、强强弱弱，可谓变化丰富，且在不同天气条件下各具特点。但如果以摄影的眼光来看一天当中的光线，这些特点就会变得有利有弊、有取有舍。大部分摄影人更钟情于清晨和傍晚时分的柔美光线，而规避正午时分的刺眼光线。这一方面，是因为照相机的感光胶片或者影像传感器具有一定宽容度，只能在有限的亮度范围内进行记录，过于强烈的光线会让画面丧失柔美的明暗过渡而看上去影调生硬、缺乏美感；另一方面，则是因为人们对一天中不同时段所怀有的独特情感，像清晨的"苏醒感"、傍晚的"祥和感"等，都能够给人带来或活力，或平静等不同情感意象。所以，清晨和黄昏的光线品质，以及此一时刻之下的景象特征和人们的情感心理，都促成了它那足以吸引人心的独特魅力。因此，我们会将清晨（日出前后 4:00—9:00，具体日出时间以当地季节变化而定）和傍晚（日落前后 16:00—20:00，具体日落时间以当地季节变化而定）这两个时间段称为摄影的"黄金时间"。而且因为这个时间段内的自然光线具有金黄、橙红等暖色调特质，故被称为"黄金光线"，而处于黄金光线映照下的各色景物，也就成了我们理想的拍摄对象。

知识拓展

什么是宽容度？

感光材料按比例记录景物的亮度范围，称为宽容度。宽容度大，意味着感光材料可记录景物的亮度范围较为宽广；宽容度小，则意味着感光材料可记录景物的亮度范围较为窄小。我们所用的黑白胶片的宽容度约为 1 ∶ 128，彩色胶片的宽容度在 1 ∶ 32—1 ∶ 64 之间。当我们拍摄景物的表面由亮部至暗部的明暗反差比在 1 ∶ 30 时，使用胶片拍摄就可以完整地记录下景物从亮部到暗部的层次。相反，如果被摄对象的明暗反差比超过了胶片的宽容度，那么就会出现亮部区域丧失层次，或者暗部区域丧失层次。

北京国贸 CBD 中国尊悬日日出　盛蓬摄

拍摄器材：尼康 Z7Ⅱ，Nikkor Z 100-400mm f/4.5-5.6 VR S 镜头

拍摄数据：光圈 f/11，快门速度 1/400s，感光度 ISO64，自动白平衡

拍摄手记 这是在北京西山拍摄的一次中国尊悬日日出。前期，踩点确定日出角度和位置，并确保机位视野没有遮挡。然后，提前通过天气预报查看拍摄当天的天气情况，选择晴好天气拍摄。拍摄当天要在天还没亮就出发上山，提前到达踩点位置，支好三脚架，做好拍摄前的准备，等待日出时刻。需要注意的是，拍摄这种悬日题材，大多会用到长焦镜头，所以要尽量选择稳定性好的大三脚架，以防因刮风等原因导致三脚架不稳而造成画面虚糊。拍摄时使用光圈优先模式，曝光补偿设定在 -1——2 挡，避免太阳曝光过度。在日出前，机内开启间隔拍摄，且设置间隔 2s，确保抓住太阳正好在中国尊上的影像。

吹蒲公英的女孩　视觉中国 500px 供图

拍摄器材：佳能 EOS 5D Mark II

拍摄数据：光圈 f/2.8，快门速度 1/320s，感光度 ISO0160，自动白平衡

拍摄手记 选择黄金光线逆光拍摄，要求准确聚焦蒲公英，并使用小景深虚化背景环境和前景人物，从而突出主体，营造空间氛围。同时把握拍摄时机，即在蒲公英吹散之后的瞬间捕捉其飘飞的动态，合理控制曝光，以确保画面不会产生曝光不足的问题。

黑翅长脚鹬　伍志锴摄

拍摄器材：索尼 ILCE-1，FE 600mm F4 GM OSS 镜头

拍摄数据：光圈 f/4.0，快门速度 1/5000s，感光度 ISO100，自动白平衡

拍摄手记 一窝刚出生不久的黑翅长脚鹬幼鸟在一块农田上被我发现。为了拍摄出小鸟身上的金边效果，我特意选择下午日落时间，并用 600mm 镜头在正逆光方向"守株待兔"。等了一段时间，当小鸟正好从我相机前方走过时，我迅速按下快门，拍到了这张照片。

沙丘上的女人　视觉中国 500px 供图

拍摄器材：不详

拍摄数据：不详

拍摄手记 选择黄金时间拍摄，并使模特遮挡住太阳，以减小画面光比，消除眩光，同时突显人物形态。低角度仰拍，让人物看上去更加高挑修长，再利用大面积简洁天空衬托人物形象。为了增加人物形态上的吸引力，让模特挥舞长裙，然后伺机捕捉精彩的动态瞬间。

红霞漫天　季学云摄

拍摄器材：索尼 ILCE-7RM2

拍摄数据：光圈 f/4.0，快门速度 1/60s，感光度 ISO100，自动白平衡

拍摄手记　画面拍摄于安徽省霍山县大别山腹地的屋脊山。拍摄前两天我通过卫星云图和气象软件，分析得知拍摄当日火烧云和云海概率较大，于是提前前往做拍摄准备。在蓝调时刻，架好相机，并选择超广角镜头来表达景观的宏伟气势。仅等待片刻，满天朝霞和翻腾云海如期而至。拍摄这类题材，需做好综合研判，因天气、温差大小、风速、风向等都会影响云海出现的概率，不能只靠运气。根据经验，正常情况日出时会出现两次彩霞，第一次是蓝调快结束太阳出来之前，第二次是太阳刚出来及其后的 10 多分钟，往往后一次的彩霞更加炫目。

Chapter 2

黄金光线

（一）何为黄金光线？

1. 摄影意义上的黄金光线

在摄影中，有没有一种光线是摄影师竞相追逐、喜闻乐见的呢？答案是肯定的，那就是晨昏时分的光线。晨昏时分的光线被摄影人赋予特殊的好感，也被称为"最美光线"。而这赞誉完全来自于它身上所具有的特殊品质，即那别具一格的基调美感和富有生机的温暖气质。

清晨和黄昏的太阳光因为色温较低，会在画面中呈现出一种柔和的金黄色调，也使被照射的景物如同被镀上一层金黄色，在视觉上颇具感染力。同时，因为晨昏时分的太阳光线照射角度较低，可以说是低角度扫射大地，再加之蓝色天空反射的光线对景物暗部的补充，使得景物的光比反差保持在一个较小的范围之内，而这一明暗范围往往都处于照相机感光元件（胶片）的有效宽容度之内，因此通过合理曝光，所拍摄画面都能够记录下景物丰富的细节和层次。

金色麦田　视觉中国 500px 供图

拍摄器材：135 数码单反，90mm f/2.8 镜头

拍摄数据：光圈 f/2.8，快门速度 1/1000s，感光度 ISO100，手动白平衡

拍摄手记 在黄金光线下拍摄，选择逆光角度，清晰聚焦麦田局部，同时控制景深效果。在构图上，利用麦田作为前景，并使之虚化，形成虚实对比和细腻的过渡效果。小景深虚化背景，对前景麦田起到了衬托作用。尤其需要注意的是，在构图时应将太阳移出画面，同时控制好眩光现象，在确保画面应有的空间氛围之余，不至于过分影响画面的清晰度。后期对画面作二次构图，以宽画幅效果展现麦田的形态细节。

除了晨昏时分的太阳直射光外，日出前和日落后的霞光，因其光质倾向于柔和的散射光，天地间的光比反差同样处在可控范围内。此外，这种光线也具有色彩上的表现优势，或呈现金黄色，或呈现橙红色，或呈现蓝紫色等，故也深受摄影师的喜爱。所以，在更为宽泛的意义上，我们会将晨昏时分的太阳直射光和色彩变化丰富的明亮霞光，统一称为"黄金光线"。

梯田　周彦明摄

拍摄器材：尼康 D810，AF-S Nikkor 14-24mm f/2.8G ED 镜头

拍摄数据：光圈 f/11，快门速度 8s，感光度 ISO100，自动白平衡

拍摄手记 提前前往目的地，选择视野开阔的高地，确定好取景等待日出前的一刻。选择日出前拍摄，可以利用漫天霞光与梯田的水面倒影，以及冷暖色调产生的对比效果，展现出景观的美感。大场景取景，展现了景观的现场特征和恢宏的视觉效果。

2. 黄金色彩

我们的生活经验告诉我们，清晨和傍晚的主观印象是完全不同的，但是对于光线的特性来讲，在清晨和傍晚几无差异。低角度斜射的晨昏阳光在色彩、方向和强度上，对于景物的刻画差别也不大。首先，它们都能够表现出被摄主体的肌理和轮廓，尤其是在侧光位照射的角度下，景物的质感效果会被刻画得更为生动。其次，就是因为低角度的照射关系，其营造的景物投影都比较长，具有鲜明的透视效果，所以许多摄影师会在景物投影上发挥创造力，营造充满趣味的画面。

比如，从高角度俯拍，生动呈现地面景物的投影形态。同时，因为景物投影的亮度来自于天空的反射光，我们还会发现影像中具有蓝色调倾向的阴影，从而增加画面的冷暖对比效果。因为晨昏直射光的另一个显著特点，就在于其色彩所呈现的暖色调。

之所以呈现暖色调，是因为晨昏时分的阳光在穿透大气时，受到尘埃和水汽的阻碍要比中午时来得多，此时波长较短的偏蓝光线会被吸收掉，而波长较长的偏红、偏暖光线则会射向大地。需要注意的是，相比清晨的大气透度，黄昏时刻可能会更

建筑风光　视觉中国 500px 供图

拍摄器材：135 数码单反

拍摄数据：光圈 f/5.0，快门速度 1/200s

拍摄手记　利用低位日出光线刻画城市的立体效果，并选择侧光位拍摄。使用无人机空中俯拍，取景时保持地平线水平，且以广州塔为中心水平均衡构图，同时注意取景框中河流的位置。

浓厚。因为经历了一日的喧嚣，在人类、动植物较密集的地区，大气中的颗粒尘埃可能会显著增加，从而增强了对光线的过滤效果。此外，晨昏时的光线最大的不同可能不在于光线本身，而在于人们对其产生的情感联想和意境理解，这一点也会影响摄影师的表现角度和对画面的诉求。相比中午阳光的炙热感，黄金光线的温暖色彩中更含有柔和迷人的韵味，而这种韵味在清晨破晓时，带给我们的是蓬勃的生机，以及对寒冷的驱逐；而落日时分带给我们的则是一天即将结束后的祥和、静谧，以及浪漫的情调。

外滩日出　梁伟明摄

拍摄器材：大疆御 2，28mm f/2.8 镜头

拍摄数据：光圈 f/3.5，快门速度 1/200s，感光度 ISO100，自动白平衡

拍摄手记　选择清晨日出时拍摄，以有薄云为佳，如此便可以利用晨光和天空反射光产生的冷暖色调生动画面，并营造清晨的清冷感和生机感。需要注意的是，在构图时对外滩形象做好均衡处理，尤其是黄浦江的曲线形态，在保证水平之余，使其具有灵动感。

陆家嘴落日　　陈晖摄

拍摄器材：大疆御 2

拍摄数据：光圈 f/2.8，感光度 ISO100，焦段 24mm，9 张照片全景接片

拍摄手记 2022 年 7 月 15 日，上海城的大气难得通透，我掐着时间追赶落日，提前赶到上海浦东的"法师桥"（摄影圈对浦东机位的俗称），起飞无人机，找到理想的拍摄位置，等待太阳和云层形成的最佳时刻，拍下这张全景接片的照片。夕阳之下，城市映现出一派温暖、祥和之感。

3. 黄金光线的作用

黄金光线除了对被摄对象的刻画作用之外，另一重要作用就是营造画面氛围，从而唤起观者的独特情绪。

比如晨光，可以表现出明净、空寂的画面氛围。大气经过一夜的沉淀，没有了交通和人流的影响，在清晨会更加空静。当阳光到来时，万物开始苏醒，能让人在心理上产生纯净、舒畅、生机勃勃的感觉。如果遇到晨雾天气，还可以配合黄金光线，表现出被

摄对象的线条感和柔美的画面意境。当晨光穿透雾气时，则容易产生"神光"现象，非常具有表现力，可以将光以生动的线条形式呈现出来。借助于"神光"，画面也可以更精彩地表现出光线意境。此外，朦胧的晨雾在黄金光线的照射下，会变得更加明亮且富有光彩，如同光雾一般。而"光雾"效果不仅具有视觉吸引力，也可以柔化景物，强化空间意境，营造神秘氛围。

比如，黄昏光线，可以表现出温暖、祥

和的氛围。而且因为尘埃和午后热气的累积，虽没有清晨光线来的清透，但颇具渲染力的红色调反而会展现出一种温暖、祥和的画面质感，尤其适合拍摄人物肖像。那种柔和的暖色调光线，会使人物面部洋溢动人的光辉。

晨光　视觉中国 500px 供图
拍摄器材：不详
拍摄数据：不详

拍摄手记 轻薄晨雾与金色阳光的结合，是摄影师喜闻乐见的拍摄条件。空中拍摄的视角，可以更好地展现地面景观因为雾气和光影的作用所展现出来的层次效果，且对空间氛围的展现也颇有好处。

比如，晨昏时分选择在逆光条件下拍摄，可以为画面带来更加强烈的感情色彩。尤其是当景物处在剪影效果中时，景物的形态特征会被突显，使画面充满想象空间。加之黄金光线营造的色调氛围，将晨昏时分的安静、祥和之意境表现得更具感染力。

笑容满面 视觉中国 500px 供图

拍摄器材：索尼 ILCE-7RM2，适马 35mm F1.4 EX HSM 镜头

拍摄数据：光圈 f/1.4，快门速度 1/200s，感光度 ISO0800，自动白平衡

拍摄手记 黄昏室外拍摄，利用落日产生的柔美光影刻画人物形象，巧妙处理人物姿态与落日之间的构图关系——将落日置于手臂形成的框式结构之内，由此营造趣味点，并给人物面部带来塑造力，柔美的光线也更能够将人物甜美的笑容渲染和衬托出来。

大象剪影　视觉中国 500px 供图

拍摄器材：尼康 D850，AF-S Nikkor 400mm f/2.8E FL ED VR 镜头

拍摄数据：光圈 f/4.8，快门速度 1/500s，感光度 ISO100，自动白平衡

拍摄手记　黄金光线下逆光拍摄，并对高光区域测光曝光，将大象形态进行剪影化表现。利用雾气的渲染效果，赋予大象虚实变化，并增加了景观的虚实层次，营造神秘氛围的同时映衬出大草原的狂野气息。捕捉被摄主体的生动情态，使其看上去更具生命活力和想象空间。

注意事项

把握住拍摄时机

不得不说，一切美好的时刻总是短暂的，黄金光线也是如此。因此，首先要做好迎接黄金光线的拍摄准备，把握住拍摄时机。尤其是拍摄日出和日落景观时，留给摄影师的时间往往只有短短几分钟。当太阳停留在地平线上时，摄影师必须行动迅速且目标明确，保证不会因为手忙脚乱而错失最佳拍摄时机。

（二）阴阳：黄金光线的两种性格

1. 阳刚粗粝

黄金光线的不同在很大程度上体现为光质的不同，这也是了解黄金光线的基础。正如要了解一个人，先要知晓其性格一样，黄金光线也因为其不同的光质，而展现出截然不同的两种基本质感：阳性与阴性。

阳性黄金光线，我们称之为硬质黄金光，属直射光效果，明暗清晰、光比较大、色调鲜明，看上去富有阳刚和粗粝的质感。晨昏时分没有云层或雾气遮挡下的直射阳光，一般都属硬质黄金光。由于此时的天气往往具有较高的能见度，因此也比较适合拍摄远景风光。

硬质黄金光因为光照相对强烈，可产生比较明显的阴影，所以这一光照之下的景物立体效果鲜明，非常适合用来表现被摄对象的质感和纹理，突显画面的立体空间效果。但是，较为浓重的阴影在某些景观中则会带来麻烦，如在拍摄市场、街道、花果、树木等较繁忙、杂乱的场景时，过于浓重的阴影会使画面显得杂乱不堪，也使主体形象辨认不清。因此，面对阴影带来的问题，摄影师在使用硬质黄金光时，应注意其光照角度。因为在不同光照角度下，阴影的方位和大小会产生变化，可为我们提供简化画面环境、突出视觉主体的不同解决方案。

微信扫码
☑ AI 摄影助手
☑ 作者摄影讲堂
☑ 摄影灵感库
☑ 创意后期教程

知识拓展

什么是硬质光？

硬质光也称直射光，是指能产生明显方向性，并在被摄主体上产生清晰投影的光线，包括太阳光和聚光灯照明光。硬质光的特点是，有明显的照射方向，被摄主体分为受光面和背光面，具有光与影的两重性，明暗反差强、光比大。当直射光与其他光源配合使用时，会产生独特的艺术效果。

晨阳普照　刘波摄

拍摄器材：大疆御 2，28mm f/2.8 镜头

拍摄数据：光圈 f/5.6，快门速度 1/1000s，感光度 ISO400

拍摄手记　为了拍摄这幅画面，我使用无人机前前后后飞了 5 次，最后在一个春雨过后的清晨，金色朝阳照射在弥漫的晨雾之上时，无人机升空，寻找好角度，在按下快门的一刻，一只山鹰正好飞进镜头，给画面增添了些许灵动之气。金色朝阳赋予了山地景观以立体的光影效果，云雾也因为阳光的照射变得更具层次且富有动感。

2. 阴柔细腻

黄金光线的另一种质感——阴性，体现在软质黄金光带来的光照效果中。软质黄金光，属于柔光，是一种柔和的散射光。在软质黄金光条件下，景物阴影浅淡，甚至在很多情况下不产生阴影，且光比柔和，影调效果阴柔细腻，与硬质黄金光有很大不同。

在户外，软质黄金光一般出现在晨昏时分薄云遮日，或霞光满天时，其中多以霞光为主。另外一些反射光，则是像金色阳光从较粗糙的浅色景物表面（或某些材料表面）上反射形成，或者是经半透明物质的透射后形成的间接光线。其中，霞光随着时间推移变幻莫测，要想有好的画面效果对曝光有较高要求，且在拍摄时须时刻保持对光线的敏感度，在按快门之前多测光、勤测光，以保证画面曝光的准确性。

软质黄金光所具有的几个特点。

（1）色彩与形状：软质黄金光的刻画优势

软质黄金光条件下的景物因为缺少了阴影的衬托，虽然立体感丧失，但景物的色彩却变得更加柔和细腻，并倾向暖色调，视觉效果更加引人注目。而少了浓重阴影给画面带来的混乱感，景物的形状和场景也变得更加明晰可辨。因此，使用软质黄金光生动刻画景物的色彩和形状，突显画面在色彩和形状上的生动性，是摄影师常用的拍摄方法。

知识拓展

什么是软质光？

软质光也叫散射光，或柔光，方向性很弱，甚至完全没有方向性，但能对景物进行均匀照射。自然光中的天空光，如霞光，就属于散射光；或者是经过景物表面反射之后的阳光，也会形成散射光。散射光的特点是，照度弱、反差小、影调柔和，但能柔化被摄主体在直射光照射下所产生的阴影。

孤独的树　杨翔摄

拍摄器材：不详

拍摄数据：光圈 f/9.0，快门速度 1s，感光度 ISO200，自动白平衡

拍摄手记　图为冬季的内蒙古乌兰布统草原。冬季的草原寒冷、凛冽，覆盖着皑皑白雪和晶莹剔透的冰层，对于摄影人来说，这比其他季节更容易获得干净的构图、动人的色调和美妙的意境。拍摄当天，我在日出前来到拍摄地附近，空旷的地面上两棵树很快吸引了我，于是我架设好机位，选择好拍摄距离、角度和焦段，大概10分钟后（日出前15分钟），朝霞出现，染红了远处的云彩，我使用减光镜、偏振镜来平衡早晚时分的这种大光比场景，然后调整拍摄数据，按下快门。柔美的霞光之下，树的形态纤毫毕现，色彩感鲜明。

（2）用软质黄金光拍摄人物肖像

软质黄金光尤其适用于拍摄人物肖像。在薄云遮日下的黄金光，柔美温和，富有神采和魅力，是拍摄人物肖像理想的光线条件。在制造软质黄金光方面，我们可以运用反光板（表面粗糙），或半透明材质的遮光板来营造柔光效果，刻画人物形象。金色的柔软光线所带来的小光比反差，能将人物的皮肤塑造得光滑细腻，人物形象柔美，并散发出淡彩的光辉，尤其适合拍摄美人肖像。

室内人像　视觉中国 500px 供图

拍摄器材：佳能 EOS 5D Mark IV，EF 50mm f/1.4 USM 镜头

拍摄数据：光圈 f/4.0，快门速度 1/60s，感光度 ISO640，手动白平衡

拍摄手记 选择室内拍摄，利用从窗户射入的柔美光线刻画人物面部情态，暖色调效果渲染出画面闲适、放松的生活气息，映衬出人物柔美的形态，同时在人物前方留出"余地"，为观者营造出想象空间。

（3）冷暖对比：软质黄金光下的色彩魅力

当天空出现霞光时，我们会发现天空呈现出霞光和蓝色天空光交相辉映的景象。此时拍摄，就可以运用霞光和天空光形成的冷暖效果，在取景构图和曝光处理中，营造出反差鲜明的色彩对比。这在风景摄影中尤为常见，同时也是获取精彩照片的常用方法。

丽水云和梯田日出　杨进摄

拍摄器材：佳能 EOS 5D Mark II，EF 16—35mm f/4L IS USM 镜头

拍摄数据：光圈 f/5.6，快门速度 1/30s，感光度 ISO100

拍摄手记　云和梯田位于浙江丽水市云和县，距今已有1000多年历史，被誉为"中国最美梯田"。每年4月是云和梯田一年中最佳的拍摄时间。当晨光洒入梯田，平静的水面就像一面面镜子倒映着天空的色彩，折射出艳丽的光影。拍摄时，我使用了GND中灰渐变滤镜平衡过亮的天空与较暗的地面之间的曝光差异，让画面过渡更加自然，地面细节获得更多保留。同时尽可能使用稳定的三脚架，以确保在低速快门下获得清晰的画面。最终，金色霞光与蓝色天空光在画面中产生生动的冷暖对比效果。

（三）识别：黄金光线的两种类型

1. 自然黄金光

　　自然光是摄影中最基本的光线，但同时也是最变化不定、难以预料的光线。自然黄金光也同样具有这样的特征。我们知道，自然黄金光来自于太阳，但因为太阳在一天，甚至一年中都会随着时间的推移而不断发生着空间上的变化，加之各种天气条件、自然环境等因素的影响，可以说，它的明度、颜色等特征没有一刻是相同的。面对自然黄金光多变的性情，我们该如何把握呢？

　　首先，我们要学会研究和发现自然黄金光在一天和一年中的变化规律，并了解其对摄影的影响。要做到这一点，方法并不难，但需要长久坚持。你可以寻找一处自己感兴趣的景物，并选择在晴天的黄金时间里对它进行拍摄。如果你始终从一个固定位置每隔一段时间对它进行一次拍摄，那么从你拍摄的照片中就可以发现太阳移动过程中黄金光线的变化效果。如果你是选择在某一特定的黄金时刻，围绕被摄主体去拍摄一圈，那么从拍摄的照片中你还会发现，不同位置下的黄金光线对被摄主体产生的不同塑造效果。如果你有足够的毅力用一年时间坚持去记录和了解黄金光线，在每天的黄金时间里对同一主体进行拍摄，那么在这一拍摄过程中，对于黄金光线你会获得更加深刻、全面的了解，从而掌握不同季节、天气条件下，自然黄金光的不同之处，以及可能产生的表现效果。这对摄影师准确且富有创造性的用光，益处多多。

　　其次，在研究自然黄金光的基础上，学会控制它。在了解不同季节、天气条件

知识拓展

什么是自然光？

　　自然光又称天然光，指日光、月光和星光等，在摄影中主要指日光。日光又有直射光和散射光之分。自然光主要有以下特点，光照范围大，照明均匀，普遍照度高，不受摄影者的意向所左右，且光照强度随时间、季节、气候、地理条件的变化而有所不同。此外，自然光可产生不同色光，而不同色光具有不同色温，色温则又会随着时间不同而有所变化。因此，在摄影创作中，除了需要掌握自然光的光照强度变化之外，还必须掌握色温变化，以便对景物的色彩呈现做到心中有数。

和一天中不同黄金时段下的光线效果后，就可以根据被摄主体选择相应的拍摄时间和拍摄天气，运用最理想、适宜的光线和天气条件营造画面的生动氛围和精彩特征。比如，日出前和日落后的动人色彩适合表现画面的整体氛围；而日出后和日落前的光线则适合表现被摄主体的结构和质感。相比 12 月份寒冷清晨的白色霜雪所产生的梦幻效果，10 月份凉爽有雾的清晨，则更多了些朦胧的意境美。

薄雾中的草原光影　刘俊铖摄

拍摄器材：佳能 EOS 5DS R，EF 70—200mm f/2.8L IS II USM 镜头

拍摄数据：光圈 f/8.0，快门速度 1/160s，感光度 ISO100，自动白平衡

拍摄手记　这张照片拍摄的是 9 月的乌兰布统大草原晨景。每年 9 月的最后一周，是乌兰布统大草原秋色最美的时刻。从日出前半小时开始，天光一点点显现，当初升的太阳映照大草原时，我选择侧光角度拍摄，让山体、树木的轮廓变得立体且层次分明。当然，当天的运气也是颇佳，轻薄的晨雾笼罩着草原，而朦胧氛围下的草原景观也因此展现出诗意效果。对于草原这类空旷的户外场景，长焦镜头比广角镜头更有用武之地，后期时可以仔细裁选中意的构图。当然，深秋的清晨，稳固的三脚架和应对任何天气的冲锋衣是必不可少的。

日出前的国贸　侯宇翾摄

拍摄器材：佳能 EOS 5D Mark Ⅳ，EF70—200mm F2.8L IS USM 镜头

拍摄数据：光圈 f/6.3，快门速度 2.5s，感光度 ISO100

日出中的国贸　侯宇翾摄

拍摄器材：佳能 EOS 5D Mark Ⅳ，EF70—200mm F2.8L IS USM 镜头

拍摄数据：光圈 f/8.0，快门速度 1/4s，感光度 ISO100

日出后的国贸　侯宇翾摄

拍摄器材：佳能 EOS 5D Mark IV，EF70—200mm F2.8L IS USM 镜头

拍摄数据：光圈 f/8.0，快门速度 1/15s，感光度 ISO100

拍摄手记　拍摄城市风光题材，我习惯用"莉景天气"（一款天气气象预测软件）判断第二天的天气情况。在确定有朝霞的情况下，我会通过"巧摄"（一款手机全能拍摄软件）找到合适的机位并完成拍摄计划。拍摄这次朝霞，我将国贸天际线作为背景，配合柔美多样的云和变化莫测的光，记录了日出前、日出中和日出后同一景观的不同光线变化，以及由此产生的不同画面效果。

2. 混合黄金光

知识拓展

什么是混合光？

当我们将自然光和人工光配合使用，或者将不同色温光源同时使用时，产生的照明光线就是混合光。因此，混合光至少是两种或两种以上光线的组合。使用混合光照明，需要调整的往往是它的色温。因为色温而带来的色彩变化，既是混合光的独特魅力，也是它的自身局限。当我们需要对画面进行色温统一时，如要求准确还原景物色彩时，就需要对光源的色温进行调整；当我们需要展现混合光的色彩魅力时，也可以通过对色温的调整，进一步夸张不同光线下的色彩反差。

色温与色彩

光源在发热时会产生光，但它们各自发出的光的颜色却不尽相同，这是因为它们各自在燃烧时所产生的热量各不相同。在摄影中，我们用色温来划分光源及其色彩。色温是对光或光源颜色的一种度量，以理想黑体加热到发出与光源相同的色光时产生的实际温度作为标度，用 k（kelvin，开尔文）表示。不同的光源具有不同的光色，也就会有不同的色温，常见光源色温表如表 1。

具有不同色温值的光线会产生不同的色彩。其规律是，随着色温值从低向高过渡，光线的色彩也由暖转向冷，由红向黄再向白，进而向耀眼的蓝色过渡。光线的这一特性对于摄影师用光来渲染气氛、营造情调，或者还原景物的真实色彩有着重要影响。

值得注意的是，光源的色温值与发光的颜色有关，但与光源的物理温度无关。因此，在阴冷天气里天光的色温要比温暖日子里的直射阳光高得多。在实际拍摄中，当我们需要真实还原景物的色彩时，就需要在光源的色温与被摄主体色彩之间进行平衡，否则就容易产生偏色现象。

在多数情况下，拍摄发生在天空光和太阳光之下，此时由于天气原因或拍摄时间原因而导致色彩发生的微小变化，并不会对拍摄画面产生太大影响，反而会增加画面的趣味性。但当某一光源所产生的色彩与日光相去甚远时，就需要进行色彩纠正，否则就容易产生失真的偏色效果。当然，除非偏色就是我们想要的色彩效果。

在数码相机中，预置有多种白平衡模式，它们对应着不同色温条件下的光源状态，像自动白平衡模式、日光模式、阴影模式、钨丝灯模式、闪光灯模式、自定义白平衡模式等，当摄影师在不同光源条件下拍摄时，就可以根据当时的光源选择相应的白平衡模式来平衡色彩，纠正偏色。而当摄影师使用较高的色温值来拍摄较低色温光源条件下的景物时，画面色调就会偏向暖色，如使用日光模式拍摄钨丝灯照明条件下的景物，画面色调就会明显地偏向橙红色；而当摄影师使用较低的色温值来拍摄较高色温光源条件下的景物时，画面色调则会偏向冷色，如使用钨丝灯模式拍摄阴天条件下的景物时，画面色调就会明显地偏向蓝色。在偏色与真实还原之间，需要摄影师的平衡，而这都源于摄影师对画面表现的需要。

表1 常见光源色温表

光　源	色温（k）
晴朗蓝天	10000-20000
蓝天白云	8000-10000
阴　天	7000
透过薄云的阳光（中午）	6500
夏季阳光（10-15时）	5500-5600
清晨或下午的阳光	4000-5000
日出、日落	2000-3000
电子闪光灯	5500
摄影强光灯	3400
石英碘钨灯	3300
摄影钨丝灯	3200
150W 家用灯泡	2800
烛　光	1930

北京天际线　侯宇翻摄

拍摄器材：富士 GFX 50R，GF32—64mm F4 R LM WR 镜头

拍摄数据：光圈 f/11，快门速度 1.3s，阴影白平衡

北京天际线　侯宇翻摄

拍摄器材：富士 GFX 50R，GF32—64mm F4 R LM WR 镜头

拍摄数据：光圈 f/11，快门速度 1.3s，自动白平衡

北京天际线　侯宇翾摄

拍摄器材：富士 GFX 50R，GF32—64mm F4 R LM WR 镜头

拍摄数据：光圈 f/11，快门速度 1.3s，日光白平衡

北京天际线　侯宇翾摄

拍摄器材：富士 GFX 50R，GF32—64mm F4 R LM WR 镜头

拍摄数据：光圈 f/11，快门速度 1.3s，闪光灯白平衡

北京天际线　侯宇翾摄

拍摄器材：富士 GFX 50R，GF32—64mm F4 R LM WR 镜头

拍摄数据：光圈 f/11，快门速度 1.3s，自定义白平衡

因为混合光的种类较多，所以对曝光和画面的色彩控制提出了更高的要求。黄金混合光一般是由黄金光线与人工光线相结合而形成的一种光线条件。有时，当我们拍完落日准备收拾相机离开时，会发现有经验的摄影师反而在积极准备开始下一场精彩拍摄。其实，他们是在等待混合黄金光的到来。比如，由黄昏时的霞光和各种人工光共同作用下的城市，对摄影师来说，就是精彩画面登场之时。

在混合黄金光条件下，我们拍摄时有哪些方面是需要注意的呢？

（1）重点之一：控制好曝光

因为混合黄金光的光照条件比较复杂，不同环境下的光照差异也较大，所以要注意依据拍摄环境来确定恰当的曝光依据。比如，华灯初上、夜色初降之下的城市，此时天空中的霞光尚存，城市建筑物的轮廓依然可辨，天空与地面景物的明暗反差却不是很大，加上各种人工光源带来的辅助照明效果，在拍摄时控制好曝光就可以表现出暮色下城市的华丽美感和丰富细节。而这种情况下的曝光，就要依据天空光的强弱来确定曝光参数，即对天空光进行测光和曝光。如果我们对地面景物进行测光，

北京天际线　侯宇翔摄

拍摄器材：富士 GFX 50R，GF32—64mm F4 R LM WR 镜头

拍摄数据：光圈 f/11，快门速度 1.3s，钨丝灯白平衡

拍摄手记 对同一景观在同一时间变化不同的白平衡模式进行拍摄，可获得不同的色调效果，也可从中分析出在黄金光线下不同白平衡对画面带来的影响。随着色温的降低和升高，画面色彩也在向冷或向暖变化。

则容易造成曝光过度，所拍照片的天空可能会因为损失细节而变得一片惨白，画面也会丧失暮色常有的神秘氛围。如果是在室内环境中拍摄，通常需要根据被摄主体的明暗强度来确定恰当的曝光参数，以确保主体能得到最佳表现。

（2）重点之二：运用好白平衡

混合黄金光的色温各有不同，因此在拍摄时会出现各种不同的光线色彩，而如何设置相机的白平衡就变得非常重要。此时一般要根据主照明光线来确定白平衡。比如，在室外拍摄建筑时，常会根据自然黄金光来设置相应的白平衡，而建筑内的灯光色彩则会起到点缀画面、表现气氛的作用。当然，也有很多摄影师会故意设置并不对应的白平衡，以使画面呈现出特殊的色彩基调，来获得某种情感表达。这也是混合黄金光照明的魅力所在，它为摄影师在画面表现上提供了更多可能性。

望京霞彩　崔缘摄
拍摄器材：索尼 ILCE-7RM3，适马 14—24mm F2.8 DG DN | Art 019 镜头
拍摄数据：光圈 f/8.0，快门速度 1/4s，感光度 ISO100

拍摄手记　想要拍到如此动人的城市晚霞，我通常会结合多款气象软件来综合考量，如云图软件"windy"、预测软件"莉景天气"，以及 AQI（空气质量指数）。只有各方面条件都达到优良，最后的成片效果才会让人满意。拍摄城市风光题材的照片，一般使用广角镜头，以更好地将晚霞红云收入取景框中。晚霞通常在日落前后30分钟效果最佳，因此我要提前一个半小时到达机位点，准备好构图，调整好参数，等城市华灯初上，天空和地面的明暗反差达到适宜范围内时进行拍摄。

从摩天大楼看日落时的城市天际线　视觉中国 500px 供图

拍摄器材：不详

拍摄数据：不详

拍摄手记　玻璃的反射光映照出霞光的色彩，作为前景展现出精彩的光影视效和质感。调整白平衡，采用比现场光线更高的色温来增强画面的暖色调效果。高角度俯拍下的城市景观也展现出生动的空间感。远山则因为不同质感而形成冷色调，为暖色调的画面带来对比元素，增加了画面的生动性。

室外人像　视觉中国 500px 供图

拍摄器材：佳能 EOS R5，RF 28—70mm F2 L USM 镜头

拍摄数据：光圈 f/3.5，快门速度 1/800s，感光度 ISO320

拍摄手记 采用低角度仰视拍摄的视角，将模特修长的身材和快乐的情态精彩展现。自然光与人工光相辅相成，合理调整的白平衡，不仅还原了对象真实的色彩，塑造了人物的立体形态，还刻画出人物生动的细节，充分展现出人物饱满的形象。

（四）塑造：黄金光线的刻画能力

1. 顺光而为——形与色

顺光是黄金光线的一种主要造型光效。当黄金光线从拍摄者身前照射被摄主体，即光线的照射方向与拍摄方向相同时，就会产生顺光效果。顺光在日常生活中也非常多见，如随着太阳的不断升起和降落，太阳相对于被摄对象的高度就会产生变化。而根据太阳光的高低不同，黄金光线下的顺光效果则可细分为高位顺光、中位顺光和低位顺光，现在我们就黄金光线不同的顺光造型效果进行阐述。

（1）高位顺光效果

当处于顺光位上的黄金光线高于被摄对象时，就会产生高位顺光效果。在高位顺光下，景物朝下的面会形成一定的阴影。高位顺光在拍摄人像时被经常使用，这种充足的面部光线可以突出人物的面部五官，塑造出很好的立体效果。

街头人像　高振杰供图

拍摄器材：佳能 EOS 5D MARK II，EF 24—70mm F2.8L USM 镜头

拍摄数据：光圈 f/2.8，快门速度 1/350s，感光度 ISO100

拍摄手记 早上九十点钟，我选择顺光角度在街头抓拍了模特的精彩情态，生动刻画了柔和的暖色调阳光下人物的面部表情和姿态动作，其中红色元素也因为高位顺光而变得更加明艳饱满。同时在构图上，我巧妙利用透视变化，即街道因为透视效果而展现出的深远的空间感，并在适当的虚化下给予人物以真实的环境衬托，使得人物形象看上去更加真实、精彩。

（2）中位顺光效果

当处于顺光位上的黄金光线与被摄对象平行时，就会产生中位顺光的效果。中位顺光会把景物变得更加平面化，压缩其距离感和空间感，以更加突出被摄对象的形状和色彩特征。

林草间的女子　视觉中国 500px 供图

拍摄器材：佳能 EOS 5D Mark Ⅳ，EF 24—70mm f/2.8L Ⅱ USM 镜头

拍摄数据：光圈 f/2.8，快门速度 1/320s，感光度 ISO250

拍摄手记 注意观察夕阳高度，同时选择中位顺光的拍摄角度以塑造人物形象。画面中人物的服饰及其色彩，以及人物的情态和面部表情在这种光线的刻画下，都得到了精彩呈现。而虚化的背景所营造出的空间氛围，则进一步增强了人物的生动性。

（3）低位顺光效果

当处于顺光位上的黄金光线低于被摄对象时，就会产生低位顺光的效果。低位顺光同高位顺光的光照效果恰恰相反，景物朝上的面会出现一定的阴影。低位顺光在人物拍摄中较少使用，但却可以让景物获得更长的阴影效果，很多富有创意的摄影师会在这种阴影效果上做些文章。

户外女子肖像　视觉中国 500px 供图

拍摄器材：佳能 EOS 5D Mark II，35mm 镜头

拍摄数据：光圈 f/1.6，快门速度 1/1250s，感光度 ISO200

拍摄手记 图为太阳即将降至地平线时所拍，营造出的低位顺光效果很好地刻画了人物形象。在环境选择上，我寻找具有木质结构的景物，以配合模特的拍摄姿势，并依靠投影赋予人物一定的立体效果。同时在构图上，我利用垂直线的分割效果对画面作均衡构图，通过控制景深以虚化背景，清晰刻画人物形象，使其得到突出展现。

天山博格达峰的野花　王守明摄

拍摄器材：佳能 EOS 5D Mark Ⅳ，腾龙 SP 15—30mm f/2.8 Di VC USD A012 镜头。

拍摄数据：光圈 f/6.3，快门速度 1/1000s，感光度 ISO200，自动白平衡。

拍摄手记 对于风光摄影师而言，每年的七八月份是博格达峰最好的拍摄季节。此时谷底正值盛夏，气候稳定，遍地山花怒放，为摄影师寻找前景兴趣点提供了更多可能性。我在拍摄这幅画面时，将盛开的紫色野花作为前景，呈"S"形线状分布的点点黄色花朵作为中景，并将其作为视觉引导线，将观者目光引向博格达峰。另外，拍摄时选择日落顺光，温暖的光线将锯齿状的博格达峰照成明亮的金色，且在色彩上与近处的花朵遥相呼应，产生和谐的画面效果。

　　总体来讲，黄金光线下的顺光效果更适合表现被摄主体的形状和色彩。这种充足的光线还可以让景物的色彩更加饱和，且因为缺少阴影，更能突显景物的形状特征。所以，对于色彩感强烈或者形状突出的景物，运用顺光拍摄就显得非常契合。

相对于顺光的表现优势，其也有不足之处，那就是对被摄主体的纹理质感、立体效果不能有较好的表现。所以在顺光条件下拍摄时，我们要注意扬长避短，用被摄主体的色彩和形状来增添画面的趣味性。

2. 明暗之妙——立体金身

当黄金光线从拍摄者一侧照向被摄主体，照射方向与拍摄方向呈45°—90°的夹角时，就会产生侧光效果。侧光是我们在拍摄中最常使用的一种光线，根据不同夹角，侧光可以分为前侧光、正侧光等不同光效。

我们可以通过选择不同的拍摄位置，来改变黄金光线的侧光效果。下面我们就来了解黄金光线下不同侧光的造型效果。

（1）前侧光效果

当黄金光线从被摄对象左右的前侧方

马蹄湾光影　视觉中国 500px 供图

拍摄器材：佳能 EOS 5D Mark III，EF 24—105mm f/4L IS USM 镜头

拍摄数据：光圈 f/9.0，快门速度 1/500s，感光度 ISO100，自动白平衡

拍摄手记　要展现马蹄湾的风貌，须使用广角镜头作高角度俯拍。同时为了展现马蹄湾的立体形貌，选择了前侧光的照明效果，并将地貌的纹理质感做了生动刻画。

美女肖像　视觉中国 500px 供图

拍摄器材：佳能 EOS 5D Mark III，EF 100mm f/2.8L IS USM 微距镜头。

拍摄数据：光圈 f/3.5，快门速度 1/1250s，感光度 ISO160，自动白平衡。

拍摄手记 利用窗户光产生的前侧光效果刻画人物形象，将墙面作为背景简化画面、突出人物，同时注意观察人物的投影效果，巧妙利用明暗衬托，塑造光影趣味，增强人物的生动性和吸引力。人物在前侧光的刻画下，立体效果鲜明，光影形式生动。

射向被摄主体，光源与被摄主体和照相机的连线夹角大于15°且小于45°时，就会产生前侧光效果。在前侧光的照射下，此时被摄主体的明亮面大于阴暗面，可充分表现被摄主体的形象特征、纹理质感和明暗层次，既有鲜明的立体效果，又不会出现大面积的阴影，是一种主要的造型光。前侧光常被当成主光照明来使用，阴影部分则可根据拍摄需要，使用辅助照明来提亮。该光位在拍摄人像时也常被用到，如人像摄影中经典的伦勃朗光，俗称"三角光"，就属于前侧光效果。

知识拓展

什么是伦勃朗光

伦勃朗光是人像布光效果的一种，其布光特点是用明亮光线强调人物的脸部、手部等重要部位，而其他部位及其周围环境则处于阴影之中。在这种布光效果下，光线从人物斜上方照下，使人物的鼻子产生一道投影，并融入暗部。同时，人物一边的脸颊上形成了一块明亮的三角形区域，从而使人物面部形成鲜明的立体效果。该布光效果是因为 17 世纪荷兰画家伦勃朗在其油画作品中，特别是自画像中经常运用的光线效果而得名。

（2）正侧光效果

当黄金光线与拍摄方向呈90°左右的夹角时，会产生正侧光效果。在此光效下，景物的明暗面基本呈左右平均分布，明暗交界处常位于被摄主体的中间位置，重在突出明暗交界线周围的细节特征。但在拍摄人像时，这种光效会使人脸变成"阴阳脸"，并不美观。除非"阴阳脸"就是摄影师想要的，否则很多摄影师会通过变动模特位置来打破这一造型效果。

总体来看，黄金光线下的侧光效果更适合表现被摄主体的纹理质感和立体效果，其鲜明的明暗对比可以突显被摄主体的凹凸表面。在刻画人物时，这种光线则会使人物主体看上去富有触感。而且，因为侧光有一定的明暗反差，所以在需要对暗部进行补光处理时，可以使用人工光、反光板等来调节光比反差，以营造更加丰富的视觉效果。

户外的卷发男子　视觉中国 500px 供图

拍摄器材：佳能 EOS-1D X，EF 24—70mm f/2.8L II USM 镜头

拍摄数据：光圈 f/4.0，快门速度 1/4000s，感光度 ISO800，手动白平衡

拍摄手记　画面通过人物的摆姿和角度选择，在人物身上营造出正侧光的光影效果。在注意控制明暗反差的同时，通过对暗部的补光处理，丰富人物面部的影调层次，塑造其立体效果。拍摄时，对人物眼睛聚焦，虚化背景，并对面部作特写处理。

大峡谷风景　视觉中国 500px 供图

拍摄器材：佳能 EOS 5D Mark III，EF 70—200mm f/2.8L IS II USM 镜头

拍摄数据：光圈 f/2.8，快门速度 1/640s，感光度 ISO100，自动白平衡

拍摄手记 利用侧光照明刻画大峡谷的立体层次，并生动勾勒岩层的边缘轮廓，以展现出大峡谷的形貌特征。尤其在侧光照明下，峡谷岩层因为排布距离产生了相互补光的效果，从而减弱了彼此间投影的影响，使画面获得了更理想的光比反差，展现出了更加生动、丰富的影调层次。

3. 逆光不逆——最美逆境

当黄金光线从被摄主体背后照射过来，光照方向与拍摄方向相反时，就会产生逆光效果。逆光具有独特的个性，也是较难把握的一种光线。黄金光线下的逆光效果常用于拍摄朝霞、晚霞、朝阳、夕阳和剪影等。但需要注意的是，逆光光源反而很容易被纳入镜头中，此时就会影响曝光的准确性，并带来眩光现象，从而影响画面的清晰度。那么，我们又该如何运用这一光效呢？

女孩肖像　视觉中国 500px 供图

拍摄器材：尼康 D810，85mm f/1.4 镜头

拍摄数据：光圈 f/2.0，快门速度 1/320s，感光度 ISO64，自动白平衡

拍摄手记 利用太阳射入窗户的光所产生的侧逆光效果来刻画人物，勾勒出女孩生动的体态。室内散射光作为补充照明，缩小了画面光比，并在保持人物立体感的同时，展现人物丰富的细节。

（1）侧逆光效果

当黄金光线与拍摄方向呈135°左右的夹角时，会产生侧逆光效果。在侧逆光条件下，被摄主体的明亮面小于阴暗面，整个画面趋于低调，并营造出神秘氛围感。这一光效在人像摄影中常被作为轮廓光使用，即勾勒人物的外部轮廓特征，以使人物从背景中脱离出来，突出其立体效果。

（2）把黄金光线作为轮廓光使用

当黄金光线强于环境光，同时被作为逆光使用时，会在景物周围形成一条明亮线条，从而勾勒出景物轮廓，形成轮廓光效果。轮廓光是一种重要的造型光线，具有独特的视觉魅力。这一光效可以把被摄主体从背景中脱离出来，尤其是深色被摄主体在暗黑背景下时，其效果会更加明显，也使被摄主体的形象更加立体、生动，画面的空间感也更强。

因此，要形成轮廓光，首先要选择逆光或侧逆光机位。然后对光线的强弱、软硬进行掌控，以在不同拍摄条件下获得理想的光效。通常情况下，要使轮廓光鲜明、生动，就需要保证其鲜明的硬光效果。而且，轮廓光一般要强于背景光和辅助光，甚至是主光，这样才能看到明晰的轮廓线。另外，为了能够得到更加突出的轮廓光，还要优先选择较暗的背景，以通过明暗对比使轮廓光得到进一步强化。

但有时候，环境光的照度不是很强，被摄主体的细节表达可能不够丰富，就需要对被摄主体进行补光。

（3）选择透明或半透明被摄对象

被摄主体的质感特征是逆光效果的重要变量。如果被摄主体是透明或半透明的，那么逆光就可以生动展现其质感和色彩效果。比如，逆光下的树叶，其内在的纹理脉络清晰可见，美感十足。再如，逆光下插有花卉的玻璃瓶，为了捕捉透射光的艳丽，应对被摄主体的重要部分测光，即玻璃瓶中的彩色花卉。为了能够突显这种光照和色彩效果，应使背景保持深色调，以产生更加鲜明的衬托效果。

让我飞得更高　视觉中国 500px 供图

拍摄器材：尼康 D800E，85mm f/1.8 镜头

拍摄数据：光圈 f/1.8，快门速度 1/1000s，感光度 ISO100，自动白平衡

拍摄手记 将黄金逆光作为轮廓光勾勒人物形态，从而充分展现小女孩充满动感的形态。巧妙利用眩光效果，营造虚实变化和光感氛围，以增加观者对人物的想象力，提升人物形象的感染力，增强画面的欢乐气息。

快乐的青年情侣　视觉中国 500px 供图

拍摄器材：佳能 EOS 5D Mark III，EF 85mm f/1.2L II USM 镜头

拍摄数据：光圈 f/1.6，快门速度 1/2500s，感光度 ISO200，手动白平衡

拍摄手记　选择逆光拍摄，注意调整人物与光源之间的位置，将人物面部置于明亮的高光区域，同时使用轮廓光勾勒人物形态，使其从背景中突显出来。控制画面光比，对人物暗部进行补光处理，增加人物的形象细节。在曝光上做适当的曝光补偿，以朦胧的光晕效果增强画面人物的情感表达，感染观者。

日落时分　视觉中国 500px 供图

拍摄器材：佳能 EOS 5D Mark III，EF 24—70mm f/2.8L USM 镜头

拍摄数据：光圈 f/11，快门速度 1/40s，感光度 ISO500，手动白平衡

拍摄手记 拍摄时将太阳纳入镜头，利用眩光产生的虚实效果，营造画面的光影氛围。

注意事项

眩 光

逆光拍摄最大的一个问题就是眩光现象。有过摄影经历的人大多都有这样的感触，经过一天辛苦拍摄，在电脑上却发现很多照片因为产生了很多光晕而变得模糊不清。这是因为当光源透射镜头时，镜头内的透镜间会相互干扰，发生衍射，从而在画面中留下光斑和光晕。眩光会影响画面主体的表达，严重时甚至会彻底毁掉一张不错的照片。那么，如何解决眩光的问题呢？简单总结下来，行之有效的方法有以下几种。

◇ 使用遮光罩。遮光罩可以遮挡对面光源的照射，以避免眩光的产生。

◇ 当遮光罩仍然不够用时，可将手或者手边的书本、灰卡等一切可以遮光的东西拿来放在遮光罩的上方，然后通过变换角度来遮挡光线，效果很棒。

◇ 变换拍摄角度。如果没有上述拍摄条件，也可变换拍摄角度，通过移动镜头或者拍摄位置来避免眩光。

伊甸园 视觉中国 500px 供图

拍摄器材：佳能 EOS 70D，EF-S 15—85mm f/3.5—5.6 IS USM 镜头

拍摄数据：光圈 f/13，快门速度 1/160s，感光度 ISO100，自动白平衡

拍摄手记 图为太阳即将落山时所拍。拍摄时，降低太阳的光照强度，减小光源的光晕效果，以捕捉更加清晰的画面，使花海的特征更加鲜明。

4. 逆光方案——剪影艺术

在逆光主导画面的情况下，按照逆光强度来曝光，往往可以让画面主体形成剪影效果。在黄金光线下，剪影效果有其独特的艺术魅力。在进行剪影表达时，要求被摄主体具有独特、生动的形态特征，这是剪影画面具有视觉吸引力的基础。此外，被剪影化处理的画面元素能够生动衬托画面主体，也是重要的一点。黄金光线下的剪影效果可以为画面带来强烈的形式感，能够简约画面，营造特殊的画面氛围。

金刚宝座塔悬日　王紫颖摄

拍摄器材：尼康 D850

拍摄数据：光圈 f/11，快门速度 1/800s，感光度 ISO64，自动白平衡

拍摄手记　在拍摄这张照片时，经过多次测试，终于找到了较为理想的机位。前景碧云寺塔，远景奥森观光塔、颐和园佛香阁、玉泉山妙高塔，远景与近景相呼应，古老与现代相融合，构成一幅和谐的画卷。当火红的太阳升起后，正好悬在碧云寺金刚宝座塔上，天空让太阳的光映成橙色，可谓精彩。我合理控制曝光，将建筑物处理成剪影效果，强化其形貌，也为画面增加了些许神秘气息。

（1）关注光源与色彩

逆光下的剪影效果，景物可能会丧失全部肌理细节和色彩，同时在剪影边缘形成明亮的轮廓线。此时，我们除了要处理好被摄主体的形态特征外，更要关注光源及其周围环境的色彩，如此才能利用光源与环境色彩来为剪影增加魅力，并营造画面氛围。

当然，对于剪影之外的环境要素来讲，应该保持简洁原则。此时，我们可以用来自太阳和天空的黄金色彩作为背景，并在曝光时根据背景的亮度测取曝光读数，并在所测曝光读数基础上再增加一级曝光，以确保背景环境的明亮度。

日落海滩　视觉中国 500px 供图

拍摄器材：不详

拍摄数据：不详

拍摄手记　在黄金光线之下，海面与天空共一色。在拍摄时，对高光区域测光并曝光，将人物处理成剪影效果；通过明暗对比，使其形态在画面中得到突显，并增加观者对人物的想象空间。

（2）画面构图

拍摄剪影更加适合选择简洁的构图方式，如极简构图。通过明亮且大面积的背景留白，再加上少而精的画面元素以突出剪影主体，营造极简效果，增加画面的写意氛围和想象空间，是我们在逆光下屡试不爽的表现方式。在拍摄角度上，我们可以采用平拍或者仰拍的方式。这既可以方便我们通过天空背景来简洁画面，也更加有利于突显被摄对象的高大形象，尤其在拍摄人物剪影时非常有效。

夕阳下奔跑的女子　视觉中国 500px 供图

拍摄器材：佳能 EOS 5D Mark IV，EF 35mm f/1.4L USM 镜头

拍摄数据：光圈 f/5.0，快门速度 1/4000s，感光度 ISO100，自动白平衡

拍摄手记 选择简洁的环境，通过点、线、面的极简构置，营造出简约的构图效果。注意人物的动态和位置，在其与太阳即将重叠时按下快门，并在人物前方留出大面积空白，以增强人物的动感。

Chapter 3
最佳拍摄对象

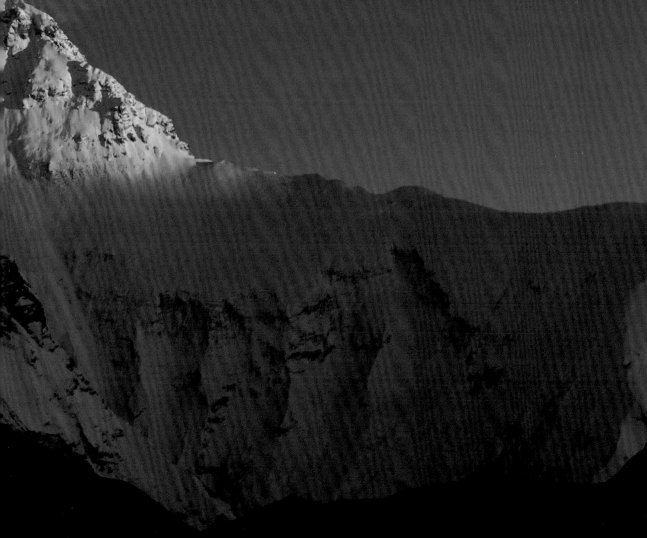

（一）风景中的黄金瞬间

1. 日出和日落

日出和日落一直是摄影人喜爱的拍摄题材，也是黄金时间中的重要拍摄内容，其特有的美丽气质和丰富寓意常被人们赋予特殊的情感色彩。"一日之计在于晨""夕阳无限好，只是近黄昏"等就是人们面对日出、日落表达感情寄托的诗句。但是，正所谓美丽的景色总是来也匆匆、去也匆

元阳梯田　万晓军摄

拍摄器材：佳能 EOS 5D Mark III，EF 24—105mm f/4L IS USM 镜头

拍摄数据：光圈 f/8.0，快门速度 1/500s，感光度 ISO100，手动白平衡

拍摄手记 根据梯田的地貌特征选择适宜的拍摄角度，如视野开阔的高处，这样可以更好地展现梯田的全貌。在拍摄时间上适合选择清晨，尤其是有雾气的清晨。因为雾气可以让梯田景观变得更富有变化，并能够增加画面的动感效果。而日出时刻的金色光线，则可以将雾气和梯田的质感进行生动刻画，增强景观的对比性，从而赋予画面更强烈的视觉吸引力。

匆，日出、日落的前后时间不过短短20分钟左右，所以在拍摄日出和日落时必须事先做好准备，才能把握时机，当机立断。

（1）成功的前提：选择好的拍摄地点

拍摄日出和日落，地点的选择很重要。一个良好的拍摄地点，需要满足以下条件。首先，要能够清楚无碍地观看日出和日落。如果条件允许，选择到野外拍摄效果会更好，因为野外的空气透度要比城市好很多。再次，拍摄地点的视野要开阔，如选择地势较高的地方，如山丘、楼顶等；或者选择如湖边、海边等一马平川的地点，都可以拍摄出绝佳的日出、日落景色。可以说，拍摄日出、日落时，选址得当，就等于成功了一半！

（2）季节因素：何时去拍？

就季节来讲，拍摄日出和日落的最佳季

广西桂林尧山风光　视觉中国500px供图

拍摄器材：不详

拍摄数据：不详

拍摄手记　秋天的天空，云层多变，此时选择到山中拍摄日出，是很好的拍摄时机。尤其当云层在天边汇集时，日出时刻就会非常容易产生云蒸霞蔚、阳光四射的精彩现象。因此，拍摄前，要查看天气，做好判断，并提早确定好拍摄点，做好拍摄前的准备。如果运气够好，出现神光现象时，一定不要手忙脚乱，要沉住气，认真构图，确定曝光参数，恰当运用滤光镜来控制天空和地面的光比反差。拍摄时，可以使用包围曝光，以确保画面在细节层次上有更好的表现。

节是春秋两季，因为这两季比夏天的日出要晚、日落要早，且春秋云层较多，可增加画面的拍摄效果。此外，因为日出和日落受时间影响较大，所以在拍摄前，最好先踩点，摸定日出、日落的时间变化，以便在拍摄时做到心中有数。在很多情况下，日出和日落的拍摄不可能一次成功，需要摄影师边拍摄、边总结，锲而不舍才有可能获得佳作。另外，出发之前，须留意当日的天气预报，以免白跑。

（3）什么时候按下快门？

日出或日落的时间很短暂，而在这短短的时间内，每一分钟的景色都在发生着变化。就拿日落来说，大至分为4个阶段，首先是太阳变黄，然后变成红色的长蛋形并开始沉入地平线，再到从水平线上完全消失，最后天空由红转紫再转深蓝。这一时间段看似很长，但实际上太阳从刚刚接触地平线或水平线到完全沉没，可能只要两分钟左右。

拍摄日出时，应从太阳尚未升起，天空开始出现彩霞时就开拍。当太阳升到一定高度，光线开始变得明亮苍白时，日出的氛围也就基本消失殆尽了。而拍摄日落则应该从太阳光逐渐减弱，周边天空或者云彩出现红色或黄色晚霞时开始拍摄。如果拍摄过早，会因为太阳光的亮度过强而无法营造日落氛围，而且强烈的直射阳光会给相机带来潜在损害。

夕阳映照下的上海市北外滩建筑的超长全景图　张殿文摄

拍摄器材：富士 X-T4，XF 16—55mm F2.8 R LM WR 镜头

拍摄数据：光圈 f/11，快门速度 1/1900s，感光度 ISO160

夕阳映照下的上海市北外滩建筑的超长全景图　张殿文摄

拍摄器材：尼康 D810，24—70mm f/2.8 镜头

拍摄数据：光圈 f/16，快门速度 1/1700s，感光度 IS0160

夕阳映照下的上海市北外滩建筑的超长全景图　张殿文摄

拍摄器材：尼康 D810，24—70mm f/2.8 镜头

拍摄数据：光圈 f/11，快门速度 1/3s，感光度 IS0125

夕阳映照下的上海市北外滩建筑的超长全景图　张殿文摄

拍摄器材：尼康 D810，24—70mm f/2.8 镜头

拍摄数据：光圈 f/11，快门速度 1/60s，感光度 ISO200

拍摄手记　在天气理想的情况下，我喜欢拍摄几组不同时间段的照片。当我把相同机位、不同时间段的照片放在一起，就可以看出时间的流逝、不同时间段光线和色彩的变化，且更容易引起观者对时光感受的共鸣。接近黄昏时，太阳光的光线比较柔和，其中太阳落山前后易出现的金色和红色晚霞，太阳落山后到华灯初上时的蓝调，都是风光摄影的黄金时刻。考虑到北外滩最高楼白玉兰广场的高度，需要给上下高楼留出必要的空间。而且为了得到最大的像场，我采用了 24mm 焦段竖拍方式，方便后期进行接片。不过，拍摄全景接片时要记得使用全景云台。拍摄夜景时，为了避免景观灯造成局部过曝，一般在平均测光的基础上减 1 挡左右的曝光。

（4）云彩的重要性

云彩在日出和日落的画面中有着强烈的渲染作用，有些画面正是因为有了多姿多彩的云朵才变得与众不同。所以在拍摄时，要注意观察云彩所形成的气势、动态和形状，一旦出现形态精彩的云彩时，就可以把它当作画面主角着重表现。

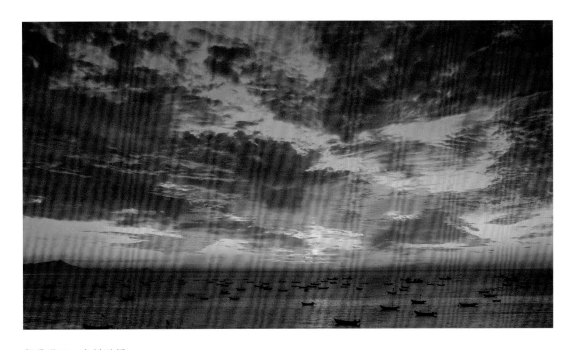

朝霞满天　李树鹏摄

拍摄器材：尼康 D200，AF-S Nikkor DX 18—70mm f/3.5-4.5G 镜头

拍摄数据：光圈 f/10，快门速度 0.8s，感光度 ISO100，手动白平衡

拍摄手记　因为天空有精彩的云霞，所以在构图时将大面积的画面留给了天空，以便更加精彩地将云霞的形态和色彩展现出来。同时，要注意保持地平线的水平，并合理控制曝光。

（5）发挥好前景的作用

在拍摄日出和日落时，有时天空会因为缺乏云彩而显得过于单调。此时，可以寻找一些能够美化画面的景物作为前景，使画面构图得到均衡，天空被丰富，画面更加饱满。此外，前景也可作为画面主体来拍摄，将日出和日落作为背景来表现。

日出大地　程乐意摄

拍摄器材：尼康 D810，24—70mm f/2.8 镜头

拍摄数据：光圈 f/11，快门速度 1/3s，感光度 IS0125

拍摄手记　画面于 2017 年拍摄于陕西省靖边县龙洲乡一片尚未开发为景区的波浪谷地。当时的创作设想主要是希望将自然现象（日出）和大地（现实）融为一体，让清晨的闪闪金光创造出生动的光影，使在白天看似平凡的景观，在清晨的阳光照耀下展现出生动的细节和质感。为此我在三方面采取了措施：一是使用超广角镜头获取更宽广的拍摄视角，并将富有纹理特征的岩石作前景构图；二是采用渐变滤镜，尽量平衡天空与地面之间的光比；三是采取 Raw 格式拍摄，通过后期调整让前景展现出生动优美的细节，让作为中景的水塘反射出动人的光芒。

（6）曝光可以欠一点

日出和日落时的色彩极为丰富，适当的 欠曝则可以将色彩还原得更加饱和、艳丽，同时更加突出前景的剪影效果。

漓江咸蛋黄日落　程早摄

拍摄器材：佳能 EOS 80D，EF 70—200mm f/2.8L IS II USM 镜头

拍摄数据：光圈 f/9.0，快门速度 1/200s，感光度 ISO100

拍摄手记　照片拍摄于桂林老寨山。日落时分一轮红日即将落下，天空被染成了橘黄色，我将太阳放于画面中央采用居中构图，中长焦镜头拉近了太阳和远处具有喀斯特地貌特征的桂林山川。在曝光时适当减少曝光量，以增强色彩的艳丽感，同时突出地貌的剪影特征。

（7）第二空间：水面反光

水面因为可以反射天空及其周边的光线而产生倒影，形成有趣的第二空间。这种虚像带来的视觉趣味可以为日出、日落添光加彩。在拍摄日出和日落时，我们可以寻找环境中的水元素，并根据拍摄时间和当时的天气情况判断水面状态，或寻求如镜水面，以展现水天一色，水面与地面景物相映成趣的精彩画面；或寻求动态感十足的水面，通过掌控快门速度营造不同的虚化效果；或以生动的光色映衬日出和日落景象，都是值得一试的表现方法。

老码头　视觉中国 500px 供图

拍摄器材：索尼 ILCE-7M2，FE 16—35mm F4 ZA OSS 镜头

拍摄数据：光圈 f/8.0，快门速度 0.6s，感光度 ISO100，手动白平衡

拍摄手记 清晨时分容易获得平静的水面，取景时我利用码头形成的斜线以引导观者视线。同时注意与地平线的位置处理，使之协调地交融在一起。在结构上，天空的云霞与水中倒影相映成趣，呈现对称结构。然后等待日出，并准确拍摄。为了使水面看上去更加平整，采用较低的快门速度做虚化处理。

（8）色调的魔术师：白平衡

数码相机的白平衡包含多种模式，在拍摄日出、日落时，选择不同的白平衡会带来不同的画面基调。比如，选择日光白平衡时，画面会偏黄色；选择白炽灯白平衡时，画面会偏蓝色。一般情况下，拍摄时可选择自动白平衡或者日光白平衡，就可以获得想要的拍摄效果，因为偏黄的色调最能表现出夕阳或者朝阳时分的氛围感。

北京天际线　侯宇翾摄

拍摄器材：富士 50R，GF100—200mm F5.6 R LM OIS WR 镜头

拍摄数据：光圈 f/13，快门速度 5s，自动白平衡

北京天际线　侯宇翾摄

拍摄器材：富士 50R，GF100—200mm F5.6 R LM OIS WR 镜头

拍摄数据：光圈 f/13，快门速度 5s，钨丝灯白平衡

北京天际线　侯宇翾摄

拍摄器材：富士 50R，GF100—200mm F5.6 R LM OIS WR 镜头

拍摄数据：光圈 f/13，快门速度 5s，日光白平衡

拍摄手记　几乎同一时间，采用不同白平衡拍摄的 3 张日落后的照片，我们可以清晰地对比出画面在色调和氛围上的不同，如日光白平衡下的画面略偏橙黄色，而钨丝灯白平衡下的画面则更鲜明地倾向于蓝色调。

（9）给太阳来个特写

其实，火红的太阳在画面中同样具有很强的表现力。你如果有长焦镜头，完全可以暂时放弃朝霞或夕阳的广阔场面，将远在天边的太阳拉到近前来拍张特写，让火红的太阳去诉说一切。太阳在接近地面时，其本身会因为受地面大气的影响产生色彩变化，呈现出从红到黄的色彩过渡；而它周边的天空则会表现出从黄色到红色，从明亮到阴暗的过渡，非常具有感染力。

早晨的太阳　视觉中国 500px 供图

拍摄器材：不详

拍摄数据：不详

拍摄手记　在日出时刻，使用长焦镜头拍摄太阳的特写画面。在构图时须注意山脉轮廓，利用其折线形态营造视觉变化，并注意太阳与山线的距离感，使两者保持融洽。同时太阳四周的留白效果，则可让画面展现出极简意味。在白平衡的设置中，采用高于朝阳的色温值拍摄，以增强画面的暖调效果。

2. 山峦的黄金时刻

山峦有着最为悠久的拍摄历史，甚至有人认为，风光摄影就是从拍摄山峦发起的。山峦除了山形、山势、山情之外，还因黄金光线下的精彩景象而著称，包括山辉、山雾、佛光等，无不吸引着风光摄影师起早贪黑、不辞辛苦去追寻。对于黄金时间内的山峦拍摄，则有以下拍摄建议。

（1）黄金时间的选择

正如上文所说，拍摄山峦的最佳时间是日出和日落前后这两段时间。当那一抹金黄的余晖映照在山体上时，最能体现出山峦的神圣感和宏伟气势。如果再有天空霞光带来的生动色彩，不出佳作也难。

金色的珠穆朗玛峰　汤琦摄

拍摄器材：佳能 EOS 5D Mark III，EF 24—105mm f/4L IS USM 镜头

拍摄数据：光圈 f/6.3，快门速度 1/500s，感光度 ISO640，手动白平衡

拍摄手记 这是去珠穆朗玛峰大本营的一次难得机会。我们傍晚到达时，没有云雾遮挡的珠峰气势巍峨，落日的金色阳光恰巧斜射在珠峰之上，一丝薄云拂过峰顶，在没有准备时间、没有三脚架支撑的情况下我拍下了这张日照珠峰的照片。性能稳定的 5D Mark III 相机和 24-105mm 镜头非常适合拍摄高原风光。

（2）等待和运气

拍摄山峦佳作，不是一蹴而就的事，因为美好的风景不会单为我们而准备，这需要我们时刻背上行囊，锲而不舍地找寻和等待。

所以，拍摄山峦需要我们有强健的体魄和坚韧的毅力。除此之外，还要看点运气。不得不说，拍摄绝佳的风光作品，很大程度上与运气有关。这是在主观努力的前提下，巧遇

佛光普照　邹林摄

拍摄器材：佳能 EOS-1D X，EF 24—70mm f/2.8L II USM 镜头

拍摄数据：光圈 f/8.0，快门速度 1/200s，感光度 ISO50，自动白平衡

拍摄手记　四川西南部遍布浅丘，离长宁县城 20 公里左右的国家 4A 级旅游景区佛来山，又名飞来山，古称"小峨眉"，海拔 694 米，由 80 多个小山组成。这里常年云雾缭绕，是广大摄影爱好者拍摄云海日出的好地方。我凌晨 5 点驱车前往事先踩好的机位，等待日出前后那半小时的黄金拍摄时间。当时山间薄雾轻罩，我预测可能会出现佛光，但当时云层较厚，却也没有十足把握。还好运气终归属于我，云破天开处，金光四射，大地瞬间呈现一派梦幻景象。拍摄时，尽量使用较低的感光度，f/8 的光圈，较低的快门速度，以突出云雾的流动感。

大自然为我们准备好的一场视觉盛宴，一切看上去都是那么完美融洽，而我们只需抓住时机，将其收入囊中。

（3）善用前景

如果画面中只有山峦，有时会显得单调且缺乏层次。此时，选择适当的前景不仅可以丰富画面，还能有效衬托画面主体。比如，利用水面上的倒影来强调远处山峦的高大和雄伟。有时，即使是一个不起眼的小水潭，也可以为我们带来不同凡响的画面效果。此外，我们可以利用蜿蜒的溪流，来引导观者的视线深入画面；利用面前的野花来衬托远处的山峦，营造一派春花烂漫的山野景象。但无论选择怎样的前景，都应该保证不喧宾夺主，破坏主体表现，否则就是画蛇添足。

（4）竖拍还是横拍？

在拍摄山峦时，是选择竖拍还是横拍呢？这并没有固定的金科玉律，而是要根据被摄主体和画面需要来灵活选用。比如，需要表现山峦连绵不绝、恢宏广袤的特征时，就适合选用横拍，因为横幅构图对山峦形成的绵延线条具有很好的空间延展效果；当要表现山峦的高大和险峻时，则适合选用竖拍，因为竖幅构图对表现山脉在纵深和垂直方向上的透视效果很有帮助。

高山花甸　视觉中国 500px 供图
拍摄器材：佳能 EOS 5D Mark IV
拍摄数据：光圈 f/11，快门速度 1/40s，感光度 ISO500，自动白平衡

拍摄手记　在黄金时刻拍摄，利用黄金光线刻画锯齿状的山峰，同时在构图时注意降低拍摄角度，利用草地上的花朵形成前景效果，并注意选择花卉的分布结构，确保其发挥出引导线的效果。在曝光时，按照高光和阴影区域分别拍摄不同曝光范围的照片，后期作合成处理，保证高光区域与阴影区域都具有生动的层次表达。

滴江晨光　繆明俊摄

拍摄器材：佳能 EOS 5DS，EF 24—70mm f/2.8L II USM 镜头

拍摄数据：光圈 f/8.0，快门速度 1/400s，感光度 ISO200

拍摄手记 竖构图拍摄，对景观作合理框取，集中刻画主体山峰，并利用河流的分割效果，使画面产生丰富对比。比如，前景的平地与山峰在高度上的对比，船舶与山峰在大小上的对比，以及河流与山峰在明暗和动静上的对比，从而充分彰显出山峰的奇秀和挺拔之感。

万山来朝　沈晶摄

拍摄器材：大疆御 2，28mm f/2.8 镜头

拍摄数据：光圈 f/7.1，快门速度 1/400s，感光度 ISO100，自动白平衡

拍摄手记 大面山位于阳朔县兴坪镇黄泥田村与大洲岭村之间，海拔约 514 米，距兴坪古镇 6 公里左右，因其临江面有一大片石崖而得名。清晨登上山顶，将无人机升至 500 米处，只见朝阳把金色的光辉洒向大地，在晨雾的映衬下，丁达尔效应（光的散射现象）鲜明，四周黛色峰林密布，漓江水在万山之中蜿蜒流转。于是，我采用横幅构图，用宽广的视角展现出景观横向上的延展态势，将景观的恢宏和博大之美表现得淋漓尽致。

3. 流光溢彩：溪流

流水那无穷的魅力在于其变动不居，以及为画面表现所带来的多种可能性。当一条小溪顺势蜿蜒流淌，穿过树林、岩石和草地，潺潺的流动声仿佛就在你的耳畔回响，观者可想象这种流动下的神秘和精彩。相对于风光摄影中的其他景物，它最显著的特征就是动感。所以，控制其动态的呈现形式就成为溪流拍摄的关键，也是对风光摄影师的一种考验。这既需要技术支持，更需要长期经验积累。

（1）通过快门速度控制流水形态

水是流动的，那就一定会产生速度，不同的地势落差和质地更会给水流带来不同的速度。而正是这种复杂性，给摄影师的判断和表现也带来了难度。更多时候，摄影师需要依靠经验来判断水流的速度，配置合适

冰岛塞利亚兰瀑布 视觉中国 500px 供图

拍摄器材：索尼 ILCE-7RM2，FE 16—35mm F4 ZA OSS 镜头

拍摄数据：光圈 f/6.3，快门速度 1/250s，感光度 ISO100，自动白平衡

的快门速度。我们知道，低速快门会使运动的物体虚化，流水也同样，那些被虚化的如同绸缎般的流水影像就是采用低速快门拍摄的。而设置怎样的快门速度，并将流水虚化到何种程度，正是我们在现场拍摄的乐趣所在。一般情况下，拍摄小溪流水，需要1s左右的快门速度才能够得到足够虚化的水流形态。而在具体拍摄中，还需要根据周围的光线条件和水流速度，变换快门速度多拍几张，以便找到最佳的虚化效果。

冰岛塞利亚兰瀑布　李军摄

拍摄器材：索尼 ILCE-7RM3，FE 12—24mm F4 G 镜头

拍摄数据：光圈 f/13，快门速度 1/6s，感光度 IS050，手动白平衡

冰岛塞利亚兰瀑布　视觉中国 500px 供图

拍摄器材：佳能 EOS 5D Mark III，EF 17—40mm f/4L USM 镜头

拍摄数据：光圈 f/8.0，快门速度 0.4s，感光度 IS050，自动白平衡

拍摄手记　对同一被摄对象用相似角度，分别采用 3 种不同快门速度进行拍摄，再以此对比分析快门速度对动态景物的形态和画面氛围所产生的影响和表现效果。3 张照片中，瀑布被分别以高速凝固、低速虚化，以及慢门虚化至雾状，同时可以看到天空、云霞因为快门速度的改变也产生了一定的虚实变化。

（2）光照分析

黄金时间下，拍摄水流时大体有两种光线情况，一是直射的黄金光线。这种光线较为充足，此时要想虚化水流，需要使用较小的光圈配合较低的快门速度；或者借助滤镜来削弱光线，以制造更低的快门速度，如使用偏振镜或者灰度滤镜。二是在散射的霞光和天空光条件下。这种光线条件要想实现水流虚化就比较容易。

森林中的瀑布风景　视觉中国 500px 供图

拍摄器材：不详

拍摄数据：不详

拍摄手记　直射黄金光照射下的高光区域与阴影区域存在较大的光比反差，在拍摄时需要小心灯光。为了更好地展现瀑布的形态，采用竖幅构图从侧面拍摄，用景观的阴影区域填充大部分画面，并将金色的高光区域置于画面顶部，以此营造生动的光影氛围和明暗效果。为了让水流具有更生动的动态效果，拍摄时可将快门速度设定在 1/10s，以营造一定的虚化效果。

日落时分河流与天空的对比　视觉中国 500px 供图

拍摄器材：尼康 D200，AF-P Nikkor DX 10—20mm f/4.5-5.6G VR 镜头

拍摄数据：光圈 f/11，快门速度 1/20s，感光度 ISO100，手动白平衡

拍摄手记 日落时明亮的晚霞光几乎将整个天空染成了红色，具有极强的色彩感染力。拍摄时选择河流作为前景以分割画面，同时利用山体的遮挡，降低天空晚霞的高光亮度，以减小其与阴影区域的亮度反差。水面反射天空霞光后，展现出流光溢彩的光影效果，而为了强化这一效果，采用慢门拍摄虚化水流，并增强动势，最终营造出鲜明的对比效果。

（3）营造画面

虚化的水流只有在静体的衬托下才能显现出它的美妙。所以在构图时，不仅要截取最具美感的水流，更要兼顾水流中静体的分布和形态。拍摄时，可对水流中的静体清晰对焦，并用大景深强化空间感。

森林瀑布风景　视觉中国 500px 供图

拍摄器材：佳能 EOS 5D Mark IV，EF 16—35mm f/2.8L III USM 镜头

拍摄数据：光圈 f/11，快门速度 1s，感光度 ISO100，自动白平衡

拍摄手记　采用较低的快门速度将水流作虚化处理，同时在构图时注意水面中散布的石块，使其形成三角形构造来增加画面的形式感。控制景深范围，确保前景中的岩石到背景中的景物都是清晰的，而清晰状态下的岩石又与水流产生鲜明的对比效果，进一步增强了水流的动感。

（4）稳定画面

拍摄水流一般会使用较低的快门速度，但为防止画面虚糊，一定要使用稳定性极好的三脚架，若能配合使用快门线就更完美了。

三脚架上的相机

在拍摄风景，尤其是在清晨或者傍晚时分的黄金时段拍摄时，使用三脚架确保长时间曝光下的相机稳定，是保证拍摄成功的基本条件。

（5）水流色彩

因为水流具有反射性，所以很容易受周围环境的影响，故在拍摄时要注意水流的色彩变化。有时候，正是因为环境中的丰富色彩而使水流更富美感。

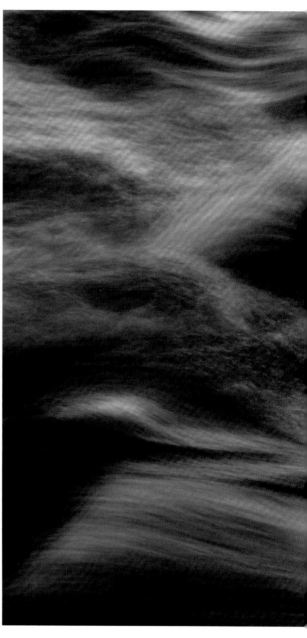

日落瀑布　视觉中国 500px 供图

拍摄器材：索尼 ILCE-7RM3，FE 24—105mm F4 G OSS 镜头

拍摄数据：光圈 f/14，快门速度 1s，感光度 ISO100，自动白平衡

> **拍摄手记**　使用镜头的长焦距端拍摄富有光色特征的水流局部，并清晰聚焦水流中的岩石；设置较低的快门速度虚化水流，以增强水面的光影效果。水流因为反射环境光而产生了丰富的色彩和光影变化，让画面看上去充满了氛围感。

（6）选择局部

在拍摄溪流时，选择局部景观可以给画面带来更多的趣味性。有时凑近溪流拍摄其中一个小漩涡，或者一块被水冲刷光滑的岩石也别有趣味。此时，要注意周围环境对水流的影响，因为水流会反射其周围景物的光线、色彩，如果周围环境色彩丰富，而且又是个大晴天，就可以把水流拍摄得流光溢彩。当然，这仅限于水流不被过度虚化的情况。

瀑布漩涡　视觉中国 500px 供图

拍摄器材：尼康D800E，16—35mm f/4.0 镜头

拍摄数据：光圈 f/22，快门速度 6s，感光度 ISO100，自动白平衡

拍摄手记 使用慢门拍摄水流，并注意控制快门速度，以确保漩涡能够形成鲜明的"痕迹"。竖画幅构图，并使用小光圈营造大景深的画面效果，更全面细致地展现出了水流的形态和环境特征。

4. 要点：湖泊的高光时刻

湖泊是一种美丽的拍摄景观，尤其是在黄金时间。但湖泊自身因为缺乏丰富的元素而显得单调，如果没有其他景物和元素的衬托与呼应，则很难表现出它的美丽。所以，在拍摄湖泊时，一般都会借助其周围环境中的景物来表现。作为摄影师，要时刻注意到这一点，才能够发现湖泊与众不同的拍摄点。湖泊表面反射光线的特质，更是拍摄湖泊的重要切入点。

（1）充分利用水面倒影

我们知道，湖泊的表面常如同一面镜子，会反射其周围的景物，将它们的倒影映现在

冰碛湖的日出　视觉中国 500px 供图

拍摄器材：不详

拍摄数据：不详

拍摄手记 选择恰当的拍摄时机，如湖面平滑如镜，金色阳光初照锯齿状山顶时。此时，处于阴影中的水面在散射光的映照下，将周围环境的倒影展露得更加清晰真实，从而让如假似真的视觉趣味变得更加浓郁，画面形式也变得更加明朗。

湖面上。利用倒影可以表现多重空间的效果，且对称的景物还可为画面带来均衡效果。通常情况下，平滑如镜的湖面大多出现在清晨，即太阳热力还来不及搅动空气之前。此外，在有林木遮蔽的浅水区域，湖面更不容易被风打扰。这也意味着拍摄者需要事先观察倒影场景，并选好拍摄地点。倒影最明显的位置是在庇荫的湖面上，所以要尽量在太阳光投向水面前结束拍摄。

倒映在水面上的陆地大多呈现暗色，这

时就要以晴朗多云的天空作为陪衬，来配合宁静的水面和水中的倒影，以营造出一种辽阔感。如果在有风的天气拍摄湖面，或往水中投掷一颗石子，水面就会荡起层层涟漪，岸边景物的倒影也随之荡漾，呈现出有规律的变化，此时拍摄则会得到富有动感的画面。

（2）利用水草或船只丰富画面

除了利用岸边和天空的倒影外，湖面上的水草和船只也可以打破湖面的单调感，且

湖南资兴小东江　视觉中国 500px 供图

拍摄器材：不详

拍摄数据：不详

拍摄手记　清晨的江面容易产生雾气，金色阳光通过山丘斜射到江面，一派如梦似幻的景象，此时拍摄无疑更能塑造出精彩的画面。但画面只有彩色雾气还是不够，缺少吸引人心的趣味点，所以将一叶小舟置于画面，便可达到画龙点睛之效。

相较于岸边的倒影，更具有实体表现效果，形成的空间意境也更丰富。只是在构图时须仔细斟酌，合理安排水草、船只等水面景物的分布关系，做到疏密有致、主体突出、层次丰富却不混乱。

（3）合理安排地平线

湖面上的地平线不仅可以分割画面，也是湖面倒影与地面和天空景物的交接线，但在画面中过于居中则会带来呆板之感，此时可以遵照黄金分割定律，将地平线安排在 1/3 或者 2/3 左右的位置。如果画面着重表现水面及倒影，那么可以将地平线置于画面 2/3 处甚至更多；如果水面及倒影只是衬托地面景物，那么地平线可以置于画面 1/3 甚至更少的位置上。

羊卓雍错　袁雪飞摄

拍摄器材：佳能 EOS 5D Mark IV，EF 24—105mm f/2.8L III USM 镜头

拍摄数据：光圈 f/10，快门速度 1/250s，感光度 ISO100，自动白平衡

拍摄手记　照片拍摄于羊湖（即西藏羊卓雍措）。当时清晨的第一缕阳光正照在羊湖之上，蓝天、湖水、远处的雪山，以及铺满金色的山坡，画面整体非常纯净、通透，只是天空缺少生动的云彩点缀，所以在构图时我将更多画面留给了内容更为丰富的地面。

羊湖印象　邹增县摄

拍摄器材：佳能 EOS 5D Mark II，EF 70—200mm f/2.8L IS II USM 镜头

拍摄数据：光圈 f/5.6，快门速度 1/350s，感光度 ISO200

拍摄手记　照片拍摄于 2018 年 5 月的羊湖。当时，红日从雪山背后缓缓升起，我发现天空低矮的云层也被微微染红，与碧蓝的羊湖形成强烈的冷暖对比。羊湖已经有了太多大广角的经典佳作，于是我想尝试运用中长焦段来拍摄。在反复调整中，我发现 70mm 焦距下的画面最为生动，羊湖水面像一个横斜的字母"V"，充满趣味性。在构图时，我将地平线置于画面中间，以充分展现地面景观与天空景观的独特之处，和它们之间相互映照的生动关系。

（4）利用水汽营造气氛

清晨，湖面与大气的温度差，使得湖面上弥漫着水汽，此时拍摄便可营造出沉静、神秘的氛围。在太阳未出之前，画面以表现冷色调为主，来强化这种静谧感和清晨冷冽的意境。太阳光照射湖面时，湖面上的水汽会反射阳光的色彩而变成暖色，此时的湖面又会是另一种景象，但都是绝佳的拍摄时刻。只是这种水汽景象会随着大气温度的上升逐渐消失，所以需要把握时机，稳、准、狠地快速完成拍摄。

秋天森林里的湖景　视觉中国 500px 供图

拍摄器材：佳能 EOS 5D Mark IV，EF 70—200mm F4L IS USM 镜头

拍摄数据：光圈 f/13，快门速度 1/5s，感光度 ISO100，自动白平衡

拍摄手记 采用宽画幅构图，且保证地平线水平，充分展现湖景美色。利用水面倒影形成对称式结构，在阳光照射水面时把握时机，快速完成拍摄。雾气的朦胧感可以增加画面的生动性。

5. 捕捉：最美滨海

海岸风光是风光摄影师颇为中意的拍摄题材，而黄金时间下的海岸风光，也总能因为其美妙的光线、宽广的空间、丰富的景色让人惊叹不已。

下面让我们来着重介绍黄金光线下拍摄海岸风光的秘诀。

（1）不要错过黄金时间

对于海岸风光，最为诱人的时刻就是清晨和傍晚。华丽无比的光线，伴随出现的各种天气现象，都为海岸风光平添了变幻莫测的魅力，也是形成美丽画面必不可少的因素。我的建议是，在正式拍摄的前几天最好先去实地考察，确定最佳拍摄位置后，选择黄金

日出时在海滩上散步的人　视觉中国 500px 供图

拍摄器材：佳能 EOS 5D Mark II，EF 24mm f/1.4L II USM 镜头

拍摄数据：光圈 f/2.5，快门速度 1/8000s，感光度 ISO100，自动白平衡

拍摄手记　图为清晨日出时所拍。注意水平构置地平线，同时选择逆光机位以展现水天一色的画面效果和整体的线条感。构图简洁，并在画面中加入动态元素——人物的剪影，作为点元素在画面中起画龙点睛之用。

时间前往拍摄。

（2）构图决定一切

在拍摄时，构图是否成功，会对画面成败带来直接影响。拍摄海岸风光，寻找合适的前景来增加画面层次，可以为画面带来意想不到的效果。同时要注意环境中的线条处理，如海岸线、海浪线、地平线等，通过运用线条来引导观者视线，分割画面层次，突出视觉主体。如果海岸上有人、海鸥等生命体，可以将其作为画面中的一个元素来合理安排，以此增加画面的生动性与活力氛围，且在许多时候可以起到画龙点睛的作用。

棕榈和热带海滩　视觉中国 500px 供图

拍摄器材：索尼 ILCE-7RM2，DT 16—35mm F2.8 SAM 镜头

拍摄数据：光圈 f/8.0，快门速度 1/40s，感光度 ISO100，自动白平衡

拍摄手记　逆光拍摄，并使用中灰渐变滤镜，平衡天与地的明暗反差。降低拍摄角度，将明亮沙滩作为前景，并利用其反光效果降低天与地的明暗反差，增加视觉生动性。

（3）使用滤镜

在拍摄海岸风光时，如果采用逆光位拍摄，或者处于光照较为明亮的黄金光线中时，所拍画面中的天地往往会反差过大，不是天空惨白就是地面乌黑，无法完美记录其中的细节。此时，可以使用中灰渐变滤镜来降低天与地的明暗反差，将中灰渐变滤镜的灰色区域置于天空明亮处以削弱其光线强度，让曝光范围控制在胶片或感光元件可记录的范围内。根据天地明暗反差的不同，可选择滤光强度不同的中灰渐变镜，以获得平衡的曝光效果。此外，偏振镜也可压暗蓝天的明度，突出云朵，使景物色彩更加和谐。

（4）使用三脚架

为保证画面全景清晰、层次细腻，可使用小光圈和较低的感光度，如 f/11 或更小的光圈。此时，因为快门速度较低，手持拍摄

印度洋上的日落　视觉中国 500px 供图

拍摄器材：佳能 EOS 5D Mark III，12—24mm 镜头

拍摄数据：光圈 f/9.0，快门速度 1/8s，感光度 ISO0200，自动白平衡

拍摄手记 选择逆光角度，在天边出现云霞时，把握时机快速拍摄。特殊的天气条件往往可以展现出精彩的景观效果，采用适宜的快门速度，可展现海浪的动态细节。

可能因相机抖动而不易清晰聚焦。此时就需要使用三脚架和快门线，来保证拍摄的清晰度。如果没有快门线，还可以开启相机的延时拍摄功能。这一功能可将按快门的动作提前到快门开启前的几秒钟，有效防止了手按快门时产生的震动。

（5）控制海水形态

较低的快门速度可以虚化运动状态的海水，改变其存在状态，实现虚化效果。较高的快门速度则可以凝固海水的动态，获得想要的清晰效果。当然，其虚化程度要靠我们不断的实验来获得，这就唯有多拍了。

黎明时分的海景　视觉中国 500px 供图

拍摄器材：佳能 EOS R，EF 11—24mm f/4L IS USM 镜头

拍摄数据：光圈 f/13，快门速度 1/2s，感光度 ISO100，自动白平衡

拍摄手记　在日出前拍摄时，须合理控制曝光，以展现天空丰富的色彩变化。同时，注意沙滩对天空光色的反射效果，当海浪退去、沙滩露出的瞬间按下快门。使用较低的快门速度虚化海浪，使沙滩看上去更加简洁，并增强了画面的动感。与《印度洋上的日落》拍摄效果相比较，我们可以明显看出海浪不同的虚化效果给画面所带来的视觉影响。

6. 元素：草原的丰富性

草原对于拍摄来讲，并不是特别出色的风光景观，因为它的空旷和单调在一定程度上限制了拍摄内容的丰富性。但是，在辽阔的草原上寻找可拍摄的景观，又是一件充满乐趣的事情。除了黄金光线带来的光色效果之外，河流、动物、草原建筑、云层，甚至特殊天气，都能给我们的拍摄带来惊喜。

（1）河流

草原上除了草以外，还有蜿蜒的河流，而寻找到草原上流淌的河流，并利用河流的

呼伦贝尔牧场蓝色河湾晨雾　刘兆明摄

拍摄器材：佳能 EOS 5D Mark III，EF 24—105mm f/4L IS USM 镜头

拍摄数据：光圈 f/11，快门速度 1/50s，感光度 ISO100，手动白平衡

拍摄手记 图为内蒙古呼伦贝尔市额尔古纳河的河湾，沿河有一条边境公路，如果机位过高就会露出公路，如果机位过低就无法表现出河湾的曲折。为了等待晨雾，我只能夜宿草原。凌晨之际，虽然只出现了少量晨雾，但也为画面增添了不同的美感。构图时，我充分利用河流的"S"形曲线来生动画面、丰富草原的形式感。

线条来构置画面，分割草原景致，或利用其反光质感增加画面的光色效果和层次质感，都可使画面充满动感和活力。此外，在草原上的人也大都会寻河流而居，所以我们还可以拍到如蒙古包、毡房那样独具草原特色的建筑，以及草原人的生活，借此表现人与自然的和谐关系。

（2）云层

相对于草原风光的单调，天空的云层可以为画面带来活力，成为画面构图的有益元素，所以在拍摄时可以寻找美丽的云彩来增加场景的生动性。比如，清晨和傍晚的云霞，就能使枯黄的草原变得金光灿灿，呈现一派辉煌景象。

夕阳下的蒙古包　王勃方摄

拍摄器材：佳能 EOS 5D Mark III，EF 16—35mm f/2.8L IS USM 镜头

拍摄数据：光圈 f/8.0，快门速度 1/5s，感光度 ISO100

拍摄手记 在广阔的大草原拍摄时应尽量选用广角镜头，以便收纳尽可能多的景观元素。此外，天气也是一大因素，图中这张照片是在日落时分所拍，当时正赶上一场大雨，但没多久就放晴了，天空中出现了美丽的火烧云。独特的云霞让草原景观变得绚丽夺目，我抓紧时间架好相机，并将富有秩序感的蒙古包构置其中，后期再通过全景合成还原了当时的场景。

（3）动物

寻找草原上的动物，如吃草的羊群、放牧的马匹等，将其纳入画面，可以为广阔的草原带来生机，同时也会吸引观者的注意力。

坝上牧牛　程早摄

拍摄器材：大疆 FC3170，24mm 镜头

拍摄数据：光圈 f/2.8，快门速度 1/160s，感光度 ISO0100

拍摄手记 金秋时分的内蒙古坝上草原，日出的金色阳光将大地染上金黄，秋之韵味油然而生。画面中的 3 头牛正排队行走在草原之上，我采用无人机高视角构图，将牛置于左下角，并保留其投影，利用大面积草原环境作背景衬托，3 头牛用以吸引观者的注意力，也使整个画面看上去宛如一幅油画。

（4）草原天气

草原上的天气可谓变幻莫测，时而风雨大作，转瞬就晴空万里。所以，在草原拍摄，首先要备好防雨、防风沙的工具，并保护好器材。除此之外，对于草原拍摄来讲，越是特殊天气反而越容易带来好风景，如出现东边乌云压境，西边霞光满天的景象，就是拍摄的惊喜。更为精彩的情况就是，风雨过后一道彩虹横跨草原。

骤风急雨　万贲摄

拍摄器材：佳能 EOS 5D Mark III，EF 24—70mm f/2.8L II USM 镜头

拍摄数据：光圈 f/11，快门速度 15s，感光度 ISO100，自动白平衡

拍摄手记　正所谓"恶劣天气出大片"，一边是电闪雷鸣，一边是霞光满天，就为拍摄精彩照片提供了条件。由于闪电的出现是短暂且随机的，所以在拍摄时需要设置长时间曝光，才能清晰地记录下闪电的形态。构图上，充分利用草原上的线性元素来丰富和引导画面，同时下压地平线，将更多画面留给天空精彩的云霞和闪电。

7. 生机：金沙有魅

沙漠在一般人的眼里意味着干旱和死亡，但其广袤、浩瀚的宽广，以及变化莫测的天气，可以说是自然界的一大奇观，更是摄影人的向往之地。在沙漠里拍摄，最重要的一点就是保护好自己和相机。对于摄影师来讲，沙漠里最可怕的是阳光和风沙，它们会给你和相机带来伤害——暴晒的阳光会晒伤你的皮肤，微小的细沙会侵入你的相机。所以，一定要带好防晒霜和遮挡紫外线的衣物，每拍一张照片都要立即把相机放入包中或怀中。

新疆库木塔格沙漠　苏鹏廷摄

拍摄器材：佳能 EOS 5D Mark III，EF 70—200mm f/2.8L IS II USM 镜头

拍摄数据：光圈 f/13，快门速度 1/13s，感光度 ISO100，自动白平衡

拍摄手记　拍摄沙漠需要的是层次和线条，而侧逆光或逆光就能增加沙漠的层次感和氛围。日落前，我提前 2 小时到达沙漠，在人少的地方寻找能和日落形成交叉的沙漠轮廓线条。因为无法确定场景的具体状况，我在拍摄时会带 2—3 支镜头。现场波浪状的线条相隔较远，所以我采用 70—200mm 镜头长焦段拍摄，以有效压缩景别空间，让线条更显力量。同时要注意保护好镜头不要进沙，如进入沙漠前在镜头上包一层保鲜膜。

（1）把握黄金时间

拍摄沙漠和其他自然景观差不多，其最佳光线依然是早上9点之前与下午3点之后，那是沙漠光线、色调和形态最富有特点的时间段。这时的光线位置较低，很适合使用有表现力的侧光来表达起伏连绵的沙漠，以及沙丘那特有的动感曲线和形态。同时，由于该时段光线的照度不强，沙子表面的反光就较小，加之黄金光线色温偏暖，所以拍摄时很容易产生金沙效果。

（2）多观察、多准备

在面对沙漠时，无数沙丘可能会让你有些不知所措，而灼热的阳光又让你有些心烦意乱，这时一定要让自己安静下来，试着适应这种炎热，并细心观察沙丘的走向和线条，日出、日落的方向和时间等并做好记录，也可以试拍几张来确定曝光情况，为后面的拍摄做好准备。

（3）线条美感

在沙漠中拍摄，你会发现那里的沙丘层层叠叠没有尽头，但这就是我们的被摄对象。此时，沙丘的线条结构将成为我们重要的表现对象，而优美的曲线可以成为我们发挥创作的切入点。拍摄时，可以试着对那些优美的沙丘线条进行提炼，并通过取景构图来让它趋于简洁、完美。

沙丘中的"S"曲线　视觉中国 500px 供图

拍摄器材：不详

拍摄数据：不详

拍摄手记 尝试在沙丘中寻找富有表现张力的线条，尤其是生动的曲线。拍摄时，在黄金光线下寻找侧光或者侧逆光光位，采用竖幅构图以突显线条的形态结构，同时刻画出沙丘的明暗立体效果。构图时，注意突显线条的结构特征，剔除影响线条主体效果的元素，确保画面简洁、流畅。

（4）纹理与光影

　　沙丘在经过风的吹拂后，会在表面形成凹凸结构，在侧光照射下，这种线条结构的特征会更加鲜明，并呈现出充满秩序感的图案。这种纹理和光影形式将是拍摄时重要的刻画对象，也能够塑造出打动人心的画面效果。因此，拍摄时可以试着寻找有特点的沙丘纹理进行构图。

沙丘特写　视觉中国 500px 供图

拍摄器材：佳能 EOS 5D Mark II，EF 100—400mm f/4.5—5.6L IS USM 镜头

拍摄数据：光圈 f/14，快门速度 1/160s，感光度 ISO100，自动白平衡

　　拍摄手记　纵横交错的沙丘在某一角度下，可以展现出鲜明的结构形式。因此，在拍摄现场可先四处走动以观察远近沙丘的结构，再通过局部取景，截取沙丘最具结构美感的画面。光线产生的明暗效果，则可以帮助我们进一步刻画沙丘的纹理特征，赋予景物更为丰富的细节。

（5）在画面中构置生命体

在沙丘的画面中构置生命体，可以给荒凉的沙漠带来鲜活的生命气息，也暗含生命的顽强和毅力，升华画面意境。比如，走在沙丘上的一行驼队，或者一棵绿树等，都可以很好地渲染气氛，产生视觉吸引。当然，拍摄时有效地运用黄金光线的光影效果和色调魅力，更可以提高画面的艺术感染力。

日落沙漠驼队风光　唐笑摄

拍摄器材：佳能 EOS 5D Mark III

拍摄数据：光圈 f/5.0，快门速度 1/1600s，感光度 ISO320，手动白平衡

拍摄手记　黄金光线下的沙漠色彩更加饱满，其中的光影变化和内含的沙漠结构更是画面捕捉的重点。此外，则是营造画面的趣味中心——置入驼队，可以更大程度地吸引观者视线，并深化画面的故事内涵。

8. 吸引：流霞成彩

这里所讲的霞光是指日出之前和日落之后所出现的彩色光线。因为霞光色温较低，光线偏向于暖色系，在其映照下的天空和大地都仿佛穿上了彩衣，世间景物顿时变得与众不同。这种极富渲染力和感情色彩的光线特质，成为摄影师起早贪黑也要追逐的理想光线。拍摄霞光，我有如下建议。

（1）不可或缺的彩云

天空中的云朵对活跃画面、丰富天空有着极为重要的作用。空无一物的天空，正因为有了云朵的出现，才变得灵动。试想一下，当天空中出现朝霞或晚霞时，如果万里无云、空空荡荡，只有霞光在天空中铺成色彩，会是一种怎样的情景，画面是否缺少了一些有形元素的吸引和生动景物的衬托？所以，当你要拍摄朝霞，冒着严寒从温暖的被窝里爬起来准备冲向外面时，一定要先看看天边是否有云层，如果有，那预示着你今天可能会获得好片子。在这里也不得不说一下，拍摄彩霞是一项持久战，因为老天不会因为我们的到来而让霞光和云彩同时出现。只有我们锲而不舍追寻和等待，才有可能在某一天幸运之神会让美丽无比的霞光和不同凡响的云层齐聚一堂，给我们一个大大的惊喜。

（2）要留得住霞彩

虽然我们知道了云彩对于画面表现的重要性，但并不代表你可以把握住拍摄的时机，正所谓佳作是天时、地利、人和的产物。当美妙的景观为你展现时，你是否有能力将它们完美捕获呢？

首先，你要在拍摄前做好准备，比如选择好拍摄地点，并架好三脚架；设定好白平衡和曝光补偿参数，将感光度设定到低值，光圈设定在小光圈范围内，并安装好快门线等。

其次，因为霞光出现的时间比较短暂，所以应该掌握霞光出现的时间段及其基本的变化规律，做到心中有数。霞光出现的时间一般能保持20—30分钟，而且随着太阳不断升起，霞光的色彩也会从饱和到浅淡，从红黄到蓝白，天空从暗到明，每一刻都在变化中。而晚霞与朝霞的变化过程基本相反。所以，拍摄朝霞要在太阳出来前的20分钟内开始，而拍摄晚霞则适合在日落后30分钟内完成。

最后，云层是善变且多样的，所以在拍摄时内心要平静，在拍摄中要学会等待，当云层与霞光、地面景物处于最佳组合状态时，及时按下快门。

宝石流霞　宋贤超摄

拍摄器材：大疆 FC3411，22.4mm f/2.8 镜头

拍摄数据：光圈 f/2.8，快门速度 1/15s，感光度 ISO120，自动白平衡

拍摄手记　拍摄的前一天晚上，我通过软件观测中、高、低云层的分布，分析选取有较大概率能形成大规模火烧云的地点。然后观察卫星地图，选择合适的地景。清晨精彩的火烧云出现在日出前夕，拍摄时选择无人机的广角镜头，进行间隔序列拍摄，以获取最精彩的云霞状态，同时营造画面张力与视觉冲击力。

集贤亭晚霞（含对页）　万杰摄

拍摄器材：尼康 D800，24—120mm 镜头

拍摄数据：快门速度 1/30s，自动白平衡

拍摄手记 8 月的杭州西湖，晚霞映衬下的集贤亭犹如一艘泊船，静静停靠在成片碧绿的荷叶中。晚霞、远山、亭子，交相呼应，既有自然之景，也有人文之美。在拍摄之前，我一般会使用"莉景天气"提前查看最近的晚霞预报，制定合理的拍摄计划。集贤亭作为摄影爱好者的经典打卡机位，晚到就会失去合适的机位，所以我一般会提前 3 小时左右赶到。拍摄风光类题材，我一般会使用广角镜头和间隔拍摄功能。夏季的晚霞流逝很快，间隔时间我一般会设置为 1s 一张，这样拍摄结束后，可以同时得到一段延时摄影的视频素材，方便后期挑选合适的图片做堆栈处理。

　　3 张照片展示了不同时间段下的晚霞效果，从红黄到黄紫，再到蓝紫。随着时间的流逝，光线由亮转暗，色彩由暖转冷，晚霞由强转弱。

（3）合理曝光

因为霞光的明暗强度变化很快，所以拍摄时每隔几分钟就要重新测光一次，以及时修正曝光。而且，为了霞光的色彩更加饱和、迷人，在曝光时一般会适当减少曝光。在测光时，则要选择局部测光或者点测光模式，并以天空或云霞为定光点来确定画面的曝光参数。此时，地面处于逆光位置的景物会因为光线强度较弱，与天空的明暗反差较大，呈现剪影效果。所以，在选择地面景物时要注意其形状特征，选择富有趣味性和美感的景物。

晓日　崔俊楠摄

拍摄器材：尼康 D800，24—120mm f/4.0 镜头

拍摄数据：光圈 f/8.0，快门速度 1/40s，感光度 ISO400，自动白平衡

拍摄手记 图片拍摄于大连沙河口区西尖山山顶，通过天气小程序预测当天的朝霞质量不错，抱着赌一下的态度，我凌晨 4 点多驱车 20 公里到达拍摄地点。由于大桥与拍摄机位有段距离，所以使用了中长焦镜头。火烧云的天空并不常有，那种红透半边天的机会更是少见。对于我来说，这已是很好的运气。拍摄时，对天空朝霞测光并曝光，以确保朝霞的高光区域不会过度曝光，使色彩失真、细节缺失。

（4）选择构图

霞光以光线和色彩而引人注目，但此时因为地面景物明度较低，所以在取景构图时，要根据不同的拍摄场景来选择合适的构图方式。当天空出现富有个性的云层时，可将天空作为主要的表现对象，而将地平线构置在画面 1/3 处，让天空占据画面的大部分；当天空缺少表达元素时，可以突出地面景物，将地平线构置在画面 2/3 处，使地面景物占据画面的大部分。

朝霞和风车　胡圣韵摄

拍摄器材：佳能 EOS 5DS，EF 16—35mm f/4L IS USM 镜头

拍摄数据：光圈 f/9.0，快门速度 1/5s，感光度 ISO125，自动白平衡

拍摄手记　照片拍摄于临海括苍山山顶，日出前鳞片状的火烧云像油画笔触般铺满了整个天空，我用超广角镜头拍下了这一刻，画面构图的大部分也留给了精彩的天空和云彩。此次拍摄要点：首先，提前探路找到机位和角度，拍摄日出常需要在天亮前到达机位；其次，焦段和构图以表现最精彩的天空为主；再次，拍摄动态物体（风力发电机）可尝试不同曝光速度；最后，决定以 1/5s 的曝光为佳。

9. 神秘：朦胧雾境

雾气在风光摄影中有着独特的表现个性，且多出现在清晨，这种朦胧意境和神秘气息往往可以给画面带来别具一格的氛围。同时，雾气也是最能体现大气透视的存在。景物在雾气中由近至远，清晰度逐渐变低，颜色也从鲜艳逐渐变得暗淡，这一视觉过程也加强了我们对空间透视的印象。尤其是在黄金光线的作用下，雾气的色彩魅力更会被突显。那么，面对黄金光线下的雾气景象，我们又该如何利用它来表现画面呢？

（1）朦胧意境

雾天光线柔和，黄金光线下的雾气还会产生金色的光雾效果。在雾气环境下，

层峦叠嶂　王金洪摄

拍摄器材：尼康 D750，70—200mm f/2.8 镜头

拍摄数据：光圈 f/9.0，快门速度 1/200s，感光度 ISO200，自动白平衡

拍摄手记 选择高处俯拍景观，展现其生动的虚实层次，营造诗画意境。在拍摄时机上选择晨雾缥缈、晨阳初升之时，利用金色光线形成的暖色调以及晨雾与山脉形成的明暗衬托效果，营造画面的韵律美。

景物的形态和色彩会变得模糊且暗淡不清，空间环境呈现出朦胧的意境效果。此时利用雾气，将景物作若隐若现的画面处理，再通过近景清晰、中景朦胧、远景模糊的视觉表达，在体现一种空间层次感的同时，也可以让观者对画面的景物产生阅读的想象和好奇。

（2）简化背景

我们在拍摄风光时常常会遇到背景杂乱、主体难以突显的情况，此时利用雾气来遮掩背景，就可以起到简洁画面的作用。同时因为雾气的存在，画面空间的透视感变得更加强烈，这种意境效果仅靠小景深来简化背景是达不到的。

湖边的清晨　视觉中国 500px 供图

拍摄器材：尼康 D810A，AF-S Nikkor 28—300mm f/3.5—5.6G ED VR 镜头

拍摄数据：光圈 f/11，快门速度 1/640s，感光度 ISO200，自动白平衡

拍摄手记　利用清晨的雾气简化背景中的山林，以与中景的树木形成虚实对比和繁简对比的效果，突出中景的树木形态。同时，朦胧的晨雾效果也增添了画面的诗意美感，景色变化韵味十足。黄金光线带来的高光效果，使景观看起来更见灵动和魅力。

（3）雾气留白

雾有大小浓淡之分，大雾、浓雾一般不适合于拍摄，淡雾、薄雾才是我们想要的。在构图时，雾气会为画面留有天然空白，在突显主体的同时，也会营造出诗情画意之感。此外，雾景的基调属于高调，以白色和浅灰为主，故而需要在画面中适当加入有"重量感"的深色景物来平衡画面，使画面沉稳有力。

（4）曝光补偿

在拍摄雾景时，为了表现雾气的浅白效果，一般会在相机测光基础上增加1—2挡曝光量。

实地拍摄时，还要根据雾的浓淡及其白色在画面上的多少来调节曝光补偿，以保证把雾拍白的基础上，画面层次也不会丢失。

注意事项

　　拍雾景由于能见度较差，且为了有足够的景深，光圈宜设置在 f/8 或 f/11 上，此时快门速度可能很低，因此必须使用三脚架。而且，当身处雾中拍摄时，一要注意镜头上的水汽不要影响画面清晰度；二尽量不要使用长焦距镜头，因为它会增加雾的密度，影响画面层次的表现。要想得到不一样的雾景照片，就不要局限在雾气中拍摄，可以寻找高点俯拍以表现出云海般的景象，因为有时雾气会凝聚在较低区域，如海面、山谷、凹地等地。

云雾中的群山日出风光　赖奕摄

拍摄器材：尼康 D7200

拍摄数据：光圈 f/4.5，快门速度 1/1250s，感光度 ISO100，自动白平衡

　　拍摄手记 2021 年元旦，我在山顶拍下了这张照片。当时太阳已经完全升起，光线充足，可以清晰地看到远处的山峰，也正是那重峦叠嶂的层次感瞬间吸引了我。在大部分人为绚烂的天空驻足时，我支好三脚架，用较高的快门速度和可以包容下远处群山的中长焦段，避开脚下栈道和杂草，拍下了这张照片。天空的大面积留白突显了晨阳，也增强了画面的写意氛围。

坝上金秋　黄敏摄

拍摄器材：佳能 EOS 5D Mark IV，适马 150—600mm F5—6.3 DG OS HSM | Contemporary015 镜头

拍摄数据：光圈 f/6.3，快门速度 1/400s，感光度 ISO250，自动白平衡

拍摄手记　这张照片是 2020 年 9 月 26 日在内蒙古乌兰布统草原拍摄的。当时正值金秋，是草原秋色最美的时候。秋天的晨雾很难得，我们非常幸运地遇上了平流雾。随着太阳的升起，金色阳光照耀大地，波涛汹涌的雾气中，远处几棵披满金黄树叶的孤树吸引了我的注意。它们迎着阳光，倔强地矗立在那里，画面唯美而隽永。我选择长焦镜头将它们拉近，并通过构图将光影布置好，设置恰当的曝光参数。为了营造雾气的明亮效果，适当增加曝光补偿，然后按下快门。风光摄影是极其需要耐心与运气的，尤其前期的等待和对天气的预测必不可少，幸运只会降临到有准备的人头上。

坝上晨雾　滕洪亮摄

拍摄器材：佳能 EOS 6D Mark II，EF 24—105mm f/4L IS II USM 镜头

拍摄数据：光圈 f/11，快门速度 1/320s，感光度 ISO100，自动白平衡

拍摄手记　照片拍摄于乌兰布统草原。面对陌生的拍摄环境，一要提前做好攻略，查阅该场景下的同类照片，以明确创作意图；二要对天气及最佳拍摄时间做出准确判断；三要对器材及其摄影配件熟练使用，以便面对变化场景时可自如切换。为了表现草原丘陵地带在云雾环境下的层次与氛围，须选择较高机位以提升画面视野，从而获得更好层次。在黄金光线下，选择侧逆光位，可以更好地营造画面氛围，避免顺光下的平淡。选用中长焦镜头拍摄，则有利于提炼视野中最精彩的部分，同时压缩画面空间，使山峦与云雾的关系得到更好的表现。作曝光正补偿处理，还原场景的明亮效果，以呈现金色晨雾的明亮氛围。

10. 冰晶雪色

相信每一位摄影师都难以抵挡冰雪的美。但是，与其他景物相比，雪景的拍摄难度更高。因为白雪具有较高的反射特性，在阳光的照射下，其反射光也更为强烈。所以对于大部分使用自动测光系统的摄影爱好者来说，拍雪时很难获得准确的曝光，画面多会偏暗，因此在雪景的拍摄中使用适当技巧非常关键。此外，黄金光线因为位置较低，光线柔和细腻且色彩丰富，可以表现出白雪层次细腻的质感和晶莹剔透的晶体效果。比如，晨昏光线下的侧光和侧逆光，就最能表现雪景的明暗层次和雪粒的透明质感，影调也更富有变化，即使是远景，也能产生深远的意境。

（1）曝光控制

正确曝光是拍摄雪景最基本也是最关键的要求。因为雪的强反光会使 TTL 自动模式测光系统失灵，此时必须进行曝光补偿。在所测曝光量的基础上增加 1—3 挡曝光量，就可以将雪拍得晶莹洁白。在平均测光下，若雪的比例在画面中占 1/3 左右，增加 1 挡曝光量；若画面中雪景的比例在 1/2 以上，则应增加 1.5—2 挡曝光量；若整幅画面都是雪且有强烈的阳光照射，则应增加 2.5—3 挡曝光量。

（2）使用滤镜

正因为白雪的反光特性，所以在拍摄时可加用偏振镜，以吸收白雪表面多余的反射光，使得白雪在画面中更加清晰、剔透，细节表现也更加丰富。此外，使用滤镜还可压暗蓝天、突出白云，同时提高色彩的饱和度。

（3）取景范围

拍摄冰雪，我们既可以拍摄冰雪特写，也可以拍摄冰雪的大场景，但场景大小对于景深的要求却截然不同。在拍摄冰雪特写时，一般需要小景深来清晰表现冰雪晶莹的颗粒美感，所以常使用大光圈拍摄。而拍摄中景以外的冰雪场景时，则需要大景深来表现雪景的整体样貌和美感，所以需要用小光圈来拍摄。拍摄时，可设置光圈优先模式，以控制光圈的大小变化。

（4）丰富层次

雪景如果没有其他色彩的景物来点缀，看上去就会有些单调和沉闷，因此可以利用挂满冰凌或铺着厚厚积雪的青松树枝、点缀着花花绿绿的广告标牌的灯杆，或者是建筑物等作为拍摄前景，以增加画面的空间层次，使画面信息更加丰富多彩。

日出 王志超摄

拍摄器材：佳能 EOS 6D，EF 17—40mm f/4L USM 镜头

拍摄数据：光圈 f/16，快门速度 1/30s，感光度 ISO500，自动白平衡

　　拍摄手记 摄影师在拍摄前首先要考虑的是，所选择的地点或环境有没有我们想传达的故事或讯息，能不能与被摄对象产生连接，因为环境是故事中很重要的元素。在户外，抓住"黄金时间"，我们一般会选择日出之后的清晨或日落时分的傍晚。而且不同的地方，"黄金时间"持续的时长也不一样，摄影师要提前做好功课。拍照的美妙之处在于，美是可遇而不可求的，拍摄最根本的就是要有一双敏感且善于捕捉美的眼睛，这是摄影者最宝贵的能力。为了突显雪地中的几株草木，我采用逆光位拍摄，生动呈现出雪地晶莹剔透的质感。

雾凇和蓝天　视觉中国 500px 供图

拍摄器材：富士 X-T4，XF8—16mm f/2.8 R LM WR 镜头

拍摄数据：光圈 f/8.0，快门速度 1/160s，感光度 ISO160，自动白平衡

拍摄手记 照片使用广角镜头仰视拍摄。利用广角镜头的透视夸张效果，展现空间氛围和宽阔视角，并通过蓝天衬托雾凇形态。同时使用偏振镜，增强蓝天的色彩饱和度。

微信扫码

- ☑ AI 摄影助手
- ☑ 作者摄影讲堂
- ☑ 摄影灵感库
- ☑ 创意后期教程

航拍雪后云雾中的孜珠寺　查振旺摄

拍摄器材：大疆 FC6310S

拍摄数据：光圈 f/6.3，快门速度 1/800s，感光度 ISO100

拍摄手记　孜珠寺坐落在西藏自治区昌都市丁青县孜珠山的峭壁之上。2020 年 10 月 21 日，我们到达这里时刚好遇上下雪，且不时有金色阳光穿过云层照向大地，寺院则在云雾中时隐时现。我选择用无人机在寺院侧上空将寺院建筑全部纳入构图，抓住了风吹散云雾、主殿被阳光照射的短暂时机拍摄了这张照片，将大自然与佛教寺院的神韵与神秘同步呈现给观者。

冬季日出　视觉中国 500px 供图

拍摄器材：佳能 EOS 6D，EF 17—40mm f/4L USM 镜头

拍摄数据：光圈 f/16，快门速度 1/30s，感光度 ISO500，自动白平衡

拍摄手记　在现场寻找可做前景的精彩树枝作为画面主体来构图，同时确保其处于朝阳的照射中。拍摄时，控制画面景深，通过虚化前景和背景，使晶莹的树枝得到突显，营造画面的空间层次。

11. 光的礼物：彩虹

对于风光摄影师来说，彩虹是大自然给予的一份特殊礼物，奇妙且美丽。不过，遇见彩虹已是不易，而遇见彩虹并能将其完美地记录下来就更是难得。所以，能够拍到一道美丽的彩虹，就成为很多风光摄影师的愿望。

（1）预见彩虹

虽然彩虹让人难以捉摸，但它终究是一种天气现象，总有可以预见和把握的机会。只要我们寻找到彩虹最容易出现的天气条件和时刻，就能够捕捉到它。我们知道，彩虹是由阳光经过雨滴的折射和反射而形成的全频色谱，而这一现象会因为阳光和雨滴的角度变化而迅速消失。说白了，就是一种天时地利下的气象巧合。而这种巧合最容易出现的天气条件就是一边有丰富水汽，一边有直射阳光。而低空下的阳光更容易制造彩虹，且彩虹一般出现在顺光方向上。比如，暴风雨过后阳光照射大地之时，或者风吹云散后的湿草地上，再或者云雨中出现的区域光里。所以，在那些特殊的天气条件下，一定要做好拍摄准备，耐心等待，不要轻易走开，说不定下一秒那奇妙的瞬间就将为你呈现。

（2）做好准备

因为彩虹转瞬即逝，极难把握，所以如果你巧遇彩虹，却因为没有做好前期准备而与其失之交臂，一定是件遗憾事儿。拍摄彩虹，我们需要做到以下几点。首先，架好三脚架和相机，在预见彩虹可能出现的地方调整好镜头，并聚焦。其次，设定拍摄数据。彩虹的色彩和明度一般会亮于背景，所以不要轻易相信测光表的测定数值，否则很容易曝光过度。比如，对彩虹进行点测光，或者在平均曝光量上减1—2挡曝光以确保彩虹的色彩饱和度。再次，为了确保画面清晰，多选择小光圈来制造大景深的画面效果。最后，根据天地间的反差，使用合适的中灰渐变滤镜，控制光比和层次。

（3）沉着冷静

在彩虹出现时，不要因为拍摄时间短暂而手忙脚乱，要沉着冷静地观察现场光线条件，依据环境制定合适的曝光组合，并留意彩虹出现的位置和周围环境的关系，选择恰当的构图。此外，为了确保获得完美影像，可以使用包围曝光。

北京 CBD 上方的彩虹　王守明摄

拍摄器材：佳能 EOS 5D Mark IV，TS-E 17mm f/4L 镜头

拍摄数据：光圈 f/9.0，快门速度 1/60s，感光度 ISO100，自动白平衡

拍摄手记 在风光摄影领域中，有一句话叫"看天气出片"。夏季是出现彩虹概率比较多的季节，可以根据云彩的形态预测会不会降雨，有没有可能出现彩虹。然后琢磨在哪里拍摄，挑选合适的拍摄环境。拍摄彩虹时，我选择视野开阔的高地，配置广角镜头，并在顺光角度完整捕捉彩虹的形态，同时收纳更多画面元素，让彩虹看上去更加生动精彩。

长城与彩虹　吴强摄

拍摄器材：大疆 FC3170

拍摄数据：光圈 f/2.8，快门速度 1/40s，感光度 ISO100

拍摄手记 这张照片拍摄于 2019 年 10 月 9 日下午，正值一场雷阵雨袭来，我直觉判断雷阵雨过后会有较大概率出现彩虹。所以趁着雨小时，将无人机升起，大约半刻钟后雨过天晴，出现彩虹横跨长城的美景，我及时调整机位按下快门。为了保证彩虹更加突显，背景乌云的氛围感更加浓郁，在曝光时适当作了曝光负补偿。此类题材采用高空视角，相比地面机位更显震撼。此外，特殊天气拍摄，要具有长时间户外风光拍摄的经验和对天气的预判能力，并及时判定拍摄时机，从而获得精彩的影像。

12. 丰林茂木

森林树木对于摄影人而言是一个比较大的拍摄场景，但同时因为它是由一棵棵树木及其他动植物组合而成的集合体，又为我们提供了更为细化的拍摄题材。对于林木，我们都有基本认识，即四季景象的变化，而这将对我们的拍摄造成直接影响，即根据四季中林木的不同变化特征来确定拍摄主题和范围。

（1）黄金光线下的森林

日出和日落时的光线温暖、柔和，会让整片森林染上金黄色调，而且清晨时段往往还会有晨雾，更能够营造森林的神秘氛围。此时，你可以寻找一个能够俯视这片森林的制高点，等待日出或日落，并使用广角镜头表现其宏大的场景；你也可以深入林地，寻找有趣的被摄主体。如果你恰巧碰上了晨雾，那么恭喜你，它可以为你的拍摄带来更大的惊喜。

金光四射　视觉中国 500px 供图

拍摄器材：宾得 K-3，腾龙 SP AF 70—200mm f/2.8 Di LD [IF] 微距镜头

拍摄数据：光圈 f/16，快门速度 1/5s，感光度 ISO200，自动白平衡

拍摄手记 在日出时分，选择高角度俯拍林地。林雾让景观看上去充满变化和虚实意境，同时低角度的晨光在树木和林雾的作用下，更展现出金光四射的效果。选择逆光角度拍摄，截取光影效果最吸引人心的部分构图，并注意雾气产生的留白作用，以达到强化视觉中心、增加画面层次的效果。

（2）寻找兴趣点

森林太大了，有时候我们可能不知道该从何处下手拍摄。不要着急，你可以试着从寻找兴趣点开始，如形状怪异的树木、一条延伸至森林深处的蜿蜒小径、一个颇有画面感的森林局部等，都可以成为你的拍摄目标。在构图时，要注重线条的引导作用和画面的分割作用。

秋天的森林　视觉中国 500px 供图

拍摄器材：佳能 EOS 6D，EF 24—70mm f/2.8L USM 镜头

拍摄数据：光圈 f/2.8，快门速度 1/20s，感光度 ISO100，自动白平衡

拍摄手记 秋天的树林色彩丰富生动，是最具表现力的元素。在拍摄时，要注意光线对色彩的塑造效果，如选择黄金光线映照森林的时刻，以获取更加精彩的色彩表现和光影趣味。同时要注意营造画面美感，利用山林的线条元素，如环山公路等来分割和生动画面。

层林尽染　刘帆摄

拍摄器材：佳能 EOS 5D Mark II，EF 70—200mm f/4L IS USM 镜头

拍摄数据：光圈 f/11，快门速度 1/50s，感光度 ISO100

拍摄手记　该片是我自驾穿梭大兴安岭丛林时偶得。当时，一缕金色阳光正好洒在繁密的针叶林上，营造出了神秘且冷暖分明的氛围，同时密林中恰巧露出一小节柏油公路，形成了一个非常好的兴趣点。我专门等待一辆汽车出现时按下快门，让画面更加生动。长焦镜头独特的空间压缩感和"望远镜"效应，特别适合表现大场景中的生动局部。不过，使用长焦镜头拍摄风光要特别注意其"稳定性"。风光片多需要小光圈、大景深，而小光圈搭配长焦镜头又非常容易拍糊，所以在无法使用三脚架的情况下，可以适当提高感光度、开防抖，或者多拍几张。

（3）利用天空

森林中的树木植被品种繁多，高矮植被相伴生长，因而大多比较杂乱，不利于拍摄。如果要寻求简洁的背景，可以采用仰视拍摄，将天空作为背景，可同时表现乔木的高大和挺拔。

森林生命线　视觉中国 500px 供图

拍摄器材：尼康 D800E

拍摄数据：光圈 f/18，快门速度 1/15s，感光度 ISO100，自动白平衡

拍摄手记　采用仰角拍摄以展现树木的高大挺拔，利用广角镜头的透视夸张效果来增强树木的视觉冲击力，并营造画面的包围结构。明亮的天空还可以为树木提供简洁的衬托背景。

（4）林间神光

当林间有雾气时，就容易产生"眩光"现象。经过树木遮挡而形成光芒四射的景象，则具有很强的视觉表现力。在拍摄时，

要注意控制曝光。此外，还可通过变换拍摄角度，利用树叶和枝干等景物来遮挡直射阳光，降低明暗反差，避免产生眩光。

雾笼罩着森林　视觉中国 500px 供图

拍摄器材：宾得 K-5

拍摄数据：光圈 f/8.0，快门速度 1/15s，感光度 ISO80，手动白平衡

拍摄手记　选择林间晨雾拍摄，可增强画面的神秘气息和画意氛围。注意寻找拍摄角度，尤其是在朝阳初升透过山林斜射时，及时、准确地把握和捕捉到林间的"神光"景象，最终帮助我们成就精品佳作。

13. 人造艺术：建筑

建筑在我们的生活中占据着重要地位，也是我们喜闻乐见的被摄对象，如何拍摄建筑，也成为很多摄影爱好者关注的话题。此节就将着重介绍黄金光线下拍摄建筑的要点，帮助大家提高拍摄能力，创作出更多优秀作品。

（1）利用晨昏光给画面增光添彩

光线对建筑物的外貌和基调有着强大的塑造作用，不同光线还可为建筑物带来截然不同的景观效果。晨昏光因为光线柔和、位置较低、色温偏暖，所以不会带来大的光比反差。而且建筑物的影子也会因此被拉长，温暖的阳光会给建筑表面镀上

故宫太和殿　万晓军摄

拍摄器材：索尼 ILCE-7RM2 ，佳能 EF 11—24mm f/4L USM 镜头

拍摄数据：光圈 f/10，快门速度 1/50s，感光度 ISO100

拍摄手记 在角度上，选择建筑的居中位置横画幅拍摄；在构图时，利用建筑的对称结构，形成对称性构图。注意保持相机水平，确保画面透视处于横平竖直的状态。等待黄金光线，在阳光斜射照进大殿，产生生动、立体的光影效果时拍摄。

一层金黄色，极富渲染力。晨昏光还可以营造安静、祥和的画面意境，也是制造剪影效果的最佳光线。

（2）利用逆光表现剪影效果

在逆光下拍摄建筑，可以通过制造剪影效果来突出建筑物的形状特征，表达一种被简化了的形式美感。在所有逆光中，晨昏光线是最佳选择，因为它出现的特殊时刻，正是一天中忙碌的开始和结束，加上天空的温暖色彩（有时可能还会有霞光），会给整个画面带来强烈的情感渲染。此时表现建筑的剪影效果，可以给人带来温暖感和平和感。只是在测光时要按照画

深圳城市建筑天际线　乔云峰摄

拍摄器材：索尼 A7R3

拍摄数据：光圈 f/9.0，快门速度 1/60s，感光度 ISO200

拍摄手记 黄金光线下选择逆光角度拍摄，且根据高光区域测光曝光，以展现精彩的天空景观。地面城市的剪影化处理，利用了大气透视产生的虚实变化，来展现城市的层次效果。值得注意的是，为了缩减逆光状态下的天地反差，应选择夕阳被云层边缘遮挡的时刻拍摄。

国家大剧院朝霞　赵建兵摄

拍摄器材：佳能 EOS 5D Mark III，TS-E 17mm f/4L 镜头

拍摄数据：光圈 f/11，快门速度 1/5s，感光度 ISO100，自动白平衡

拍摄手记　这张照片拍摄的是日出时分的国家大剧院，使用了 17mm 移轴镜头。当时天空跟地景光比较大，所以采用包围曝光的方式拍摄，后期在 PS 里 HDR 合成，再修图调整得到成片。拍摄城市风光我一般会选择地标建筑或者有特色的城市建筑，并于日出前或日落后拍摄，柔和的软质黄金光可以更好地刻画出建筑的形状和色彩，尤其是拍摄像玻璃建筑这种表面反光比较强的建筑时，对质感的刻画更为有利。而且，拍摄时的天空最好有一些云彩，这样画面会更加丰富、饱满。

面的亮部测光，有时为了深化剪影效果，还会在原有曝光的基础上减少 1/3—1 挡曝光量，以使色彩更加浓郁、饱满。

（3）利用软质黄金光表现形状和色彩

当我们眼前的建筑物形状非常吸引人或者色彩非常独特时，日出前和日落后的霞光，也就是软质黄金光可以将建筑物的质地和色彩进行细致刻画。因为建筑物的

形状和色彩不会因为直射光产生的强烈阴影和反光而受到干扰，从而得到更好的表现。此外，我们还可以运用仰视拍摄或者远距离拍摄，将天空和云彩也纳入画面，以营造别样的画面气氛。

（4）利用混合光表现华丽感

这里所说的混合光是指自然光和人工光共同作用下的光线。使用混合光拍摄建

天津夜景　程早摄

拍摄器材：佳能 EOS 80D，EF 24—70mm f/2.8L II USM 镜头

拍摄数据：光圈 f/11，快门速度 1/20s，感光度 ISO100

拍摄手记 暴雨过后的日落总会给城市风光带来惊喜。俯瞰天津夜景，通透的大气让远处的万家灯火也清晰可见，天空更被晚霞染成了浪漫的紫色，海河在城市中蜿蜒流过，两岸建筑灯火通明，共同构成了这幅璀璨华丽的城市夜景。

筑，可以通过运用不同色温的光线色彩来营造画面效果，其最佳拍摄时间是在日落之后、华灯初上之时。当然，你也可以参考路灯亮起的时间来提示自己最佳拍摄时间的到来。因为这时的天空还比较明亮，而且色彩最为丰富，亮起的灯光不仅为建筑补充了照明，也带来了不同的光照色彩，使得整个画面层次丰富、空间通透，且色彩华丽。曝光时一般要按照天空光测光拍摄，当夜色逐渐降临，天空光消失殆尽时，拍摄基本就可以结束了。

（5）利用硬质黄金光表现建筑的立体轮廓和质感

硬质黄金光相对于柔光来讲，更善于表现建筑的立体轮廓和质感。因为硬质黄

晨曦的荣耀　谈俊摄

拍摄器材：佳能 EOS 77D

拍摄数据：光圈 f/14，快门速度 1/500s，感光度 ISO100，自动白平衡

> **拍摄手记** 这张照片是 2020 年 8 月 12 日清晨 5 点左右，在南京市新街口金鹰国际购物中心的停机坪上拍摄的。当天我提前到达停机坪，找好角度，安放好器材等待日出。随着远处天际线上的太阳崭露头角，金色曙光穿破云层唤醒熟睡中的城市，我调整机位，将朝阳移出画面，拍摄侧光刻画下的城市建筑。在阳光的勾勒下，建筑的立体形态得以突显，明暗对比鲜明、高楼林立、错落分布的形式感油然而生。

金光可以形成阴影，在明暗对比下，建筑的立体效果会被突显出来。而且建筑表面凹凸不平的质感纹理，也会因为直射光带来的阴影而变得更加粗糙和突出。尤其是当直射光以侧光的形式照射时，这种效果会更加明显。

（6）对比出大小

没有对比就没有判断，偌大的物体没有小的物体来衬托，你就难以判断它的大

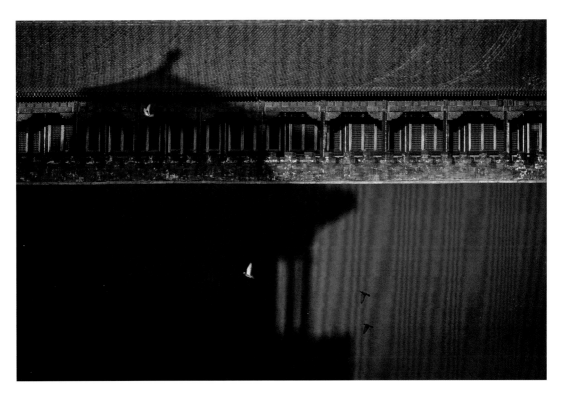

午门的鸽子　朱雨生摄

拍摄器材：佳能 EOS 6D，EF 70—300mm f/4-5.6L IS USM 镜头

拍摄数据：光圈 f/5.0，快门速度 1/1000s，感光度 ISO200，自动白平衡

拍摄手记 构图时选取建筑局部来营造画面趣味——投射在红墙黄瓦上的建筑投影以虚像形式增加观者的想象空间，并带来鲜明的明暗反差，从而营造画面的光影趣味。顺光位下的黄金光线可对实体建筑的色彩和结构细节作生动刻画。但要对鸽子作准确捕捉，可通过连拍以确保其在画面中的生动形态与合理位置。此外，鸽子与建筑间产生的大小对比效果，也可增加观者对画面空间的想象。

小。所以在拍摄建筑时，在画面中有意安排这种大小对比，可以使建筑表现得更加形象、生动。因为建筑一般很少是孤立的，很多建筑设计师在规划时就已经运用了这一对比关系，在主建筑四周簇拥一批小建筑，你只需将它们纳入画面即可。当然，另一种方法就是在画面中放入人们熟悉的景物来提示这种尺寸大小的对比感，如人、车等，这会给人以直接的视觉参考。

（7）寻找细节

我们可能已经拍摄了足够多的建筑，但是回过头来却忽然发现，它们基本上都是完整的建筑体，而饶有趣味的建筑内部景观却少有拍摄，这不能不说是一种遗憾。很多建筑除了整体上的美感外，它的局部，以及内部可能同样多彩纷呈。所以，我们不妨靠近建筑，或者进入其内部，去发现更有趣的被摄对象。

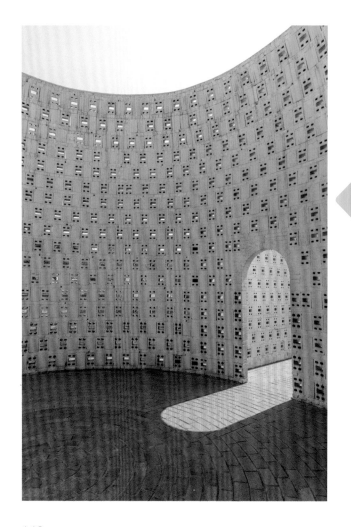

云南建水蚁工坊　许宏摄

拍摄器材：佳能 EOS R5，RF 24—105mm F4L IS USM 镜头

拍摄数据：光圈 f/6.7，快门速度1/750s，感光度 ISO200，自动白平衡

拍摄手记 拍摄时我先在网上对园区的主要布局做了一个初步了解。进入园区后我快速游览了几个主要景点，寻找吸引我的拍摄角度。但由于是中午，光比较大，形成的光影不够立体，因此我决定等到下午出现黄金光线时再拍。下午我来到事先观察好的拍摄地点，太阳透过小圆拱门刚好投射出美妙的光影，建筑内部的线条、明暗对比、颜色对比都非常漂亮，在无人时我迅速按下了快门。

（8）抽象画面

很多建筑物都是设计师的杰作，包含了设计师的设计智慧，所以无论其内在结构还是各种图案纹理等，都可以是我们表现建筑的重要元素，要善加利用。我们可以用这些框架结构和不同的空间图案来构置画面，从而在画面中形成一些有趣的构图效果；也可以将图案组合起来以表现一种抽象的画面意境。总之，在建筑物中，我们可以找到很多拍摄灵感，只要我们肯去用心观察。

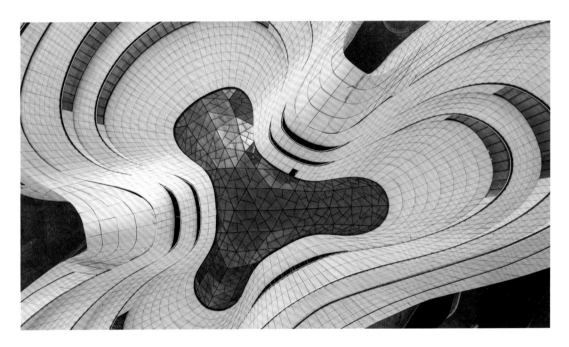

航拍现代建筑　张功巍摄

拍摄器材：大疆 FC3411，22.4mm f/2.8 镜头

拍摄数据：光圈 f/2.8，快门速度 1/240s，感光度 ISO100，自动白平衡

拍摄手记 这张照片拍摄于长沙市梅溪湖国际文化艺术中心大剧院。我选择鸟瞰视角来拍摄整座剧院建筑，时间选取了日出、日落的黄金时段，并利用太阳的斜射光线来营造光影感，并用无人机寻找可以更好展示建筑细节和结构美感的角度。在拍摄这类主题时，我认为最重要的是构图和光影，尝试多角度拍摄，以表现建筑的线条美感。此外，黄金光线还可以为画面增添更多的情感表现力。

（9）创作激情——反射

我们知道，现代建筑物的表面很多都是玻璃钢等具有反射性的物质，所以它可以反射建筑物周围的景物。利用这一点，我们就可以表现出截然不同的建筑画面。建筑物的反射特性可以给我们带来另外一种表现可能，即双重空间的再现，这很迷人。此外，除了建筑物本身，我们还可以利用建筑物周围具有反光特性的景物，如水池、汽车、光滑的大理石、镜子等来表现建筑物。我们可以拍到建筑物的倒影与建筑物本身完美对称，也可以拍摄到反光表面中的另外一个空间——建筑物等的倒影。如果你再将建筑物倒影的照片倒过来观看，效果又会怎样呢？

北京丽泽 SOHO　袁睿摄
拍摄器材：佳能 EOS 6D Mark II，腾龙 17—35mm f/2.8—4 Di OSD A0 镜头
拍摄数据：光圈 f/3.2，快门速度 1/250s，感光度 ISO100，自动白平衡

▶ **拍摄手记** 拍摄前，我会借助一些 APP 确定太阳的位置，判断和选择好现场环境和光线。利用建筑物表面的反光特性，营造光影趣味，并通过角度的选择和黄金光线的塑造，将建筑物对周边环境的投影展现得更加形象、生动。此类题材最重要的是等待一个合适的天气和时间，再选择一个合适的角度。

（10）简化画面

我们在拍摄城市建筑时，有时会因为四周流动的人群和车辆而苦恼不堪，不知该如何将其从画面中隐去。此时，我们可以使用低速快门来达到"清理场地"的目的。

具体而言，使用低速快门可将运动的人物、汽车等景物虚化。比如，汽车尾灯就会因为长时间曝光而在画面中形成一条条彩色光带，从而为建筑带来别样气氛。当然，这一拍摄思路更多时候只能在光线较弱的

钟楼车轨　高江峰摄

拍摄器材：尼康 D810，14—24mm f/2.8 镜头

拍摄数据：光圈 f/16，快门速度 4s，感光度 ISO64，自动白平衡

拍摄手记　照片拍摄于古城西安地标建筑——钟楼东南角的观景平台。日落后华灯初上，红色霞光还未隐去，蓝色夜幕却已渐渐拉起。我使用了广角镜头（24mm）拍摄，而低感光度和小光圈的组合延长了曝光时间，从而将画面的动态元素进行了虚化处理。车轨部分则使用 10 张单张曝光 5s 的照片堆栈叠加而成。

环境下使用。不过，如果加用中灰密度镜，在白天也可以实现这种效果。因为中灰密度镜可以减少进入镜头的光线，加之配合最小的光圈和最低的感光度，就可以在白天将快门速度降到足够低。

还有一种比较简单的方式就是使用B门。通过超长时间的曝光，将运动中的事物都虚化得没有踪迹，只留下静止的被摄对象在画面中。当然，这些拍摄都需要稳定相机，即要求使用三脚架和快门线来完成拍摄。

（11）色彩活力

有些建筑物的色彩会很华丽、炫目，此时可以尝试使用色彩对比以突出建筑物或其局部的色彩美感，彰显建筑个性。色彩的对比方式有很多种，如冷暖对比、互补色对比、同类色对比、明度对比、消色对比等，在构图中善加利用这些对比效果，就可以拍摄出极富个性的建筑照片。而且要表现色彩，选择顺光或柔光条件下拍摄最为合适，因为顺光可以带来明亮而充足的光线，使画面色彩更加饱和、亮丽，而柔光可将色彩的细节层次和微妙过渡表现得淋漓尽致。

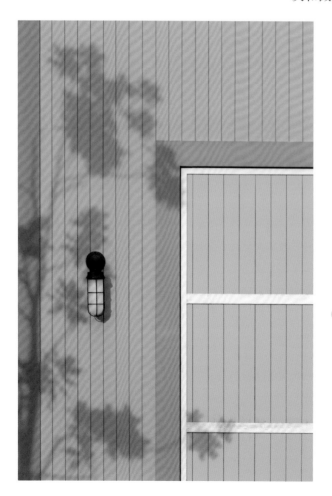

壁纸　王哲摄

拍摄器材：佳能 EOS 5D Mark III，EF 70—200mm f/2.8L IS II USM 镜头

拍摄数据：光圈 f/11，快门速度 1/160s，感光度 ISO200

拍摄手记 明亮的顺光照明可让建筑物色彩更加饱和、醒目。选取建筑物局部拍摄时，可通过色彩对比与几何结构来构图。这幅画面置入了树木的投影，从而打破了原本过于平面化的视觉效果，并增加了观者的视觉联想。

（12）对称与稳定

很多建筑在设计之初就是采用对称设计的，这在中国建筑中非常多见。所以在拍摄这种建筑时，可以寻找能够完美表现这种对称性的角度，以呈现建筑物的构造特点和美学特征。同时，对于建筑摄影来讲，对称式构图可以使画面看起来更加稳定、雄伟。但要避免对称式构图带来的负面影响——呆

洲际酒店大堂　高照摄

拍摄器材：尼康 D850，14—24mm f/2.8 镜头

拍摄数据：光圈 f/8.0，快门速度 1/50s，感光度 ISO1250

拍摄手记 照片拍摄于杭州洲际酒店。该酒店楼层是圆形结构，为了突显这一特点，我站到中庭的中间位置仰视拍摄。在构图时，我除了尽力呈现穹顶结构的对称性，还在等待酒店电梯上下的时机，以给对称结构一些变化因素。要表现穹顶的巨大，可以选用超广角镜头和全画幅相机，尽可能把更多楼层囊括进来。不过超广角镜头有一定的畸变，所以要尽量站在中央位置且端平镜头拍摄，才能更好地还原建筑原本的形状。

板。通常可以通过在画面中加入其他小的构图元素，或者利用背景、前景中的元素来打破这种完全对称的单调感。

（13）横画幅与竖画幅

横画幅更适合表现宽阔的建筑场景，如建筑群。其有效的横向延伸性，可以带来更宽广的视角，为观者提供更多视觉信息。所以，对于具有横向延伸特性的建筑物而言，横画幅构图更加适合。竖画幅因为在纵向上具有延伸性，比较适合表现竖长的单体建筑物，以体现其高大向上的视觉效果。所以，在拍摄建筑物时，可以根据建筑物的形状来选择合适的画幅形式。当然，这只是普通意义上的建议，可以给你的构图带来一定的安全保障，但不能给你带来意外的惊喜。所以，如果我们想要获得更加出色的建筑照片，就不要过于拘泥，要学会打破这些规则。

上海　康劲摄

拍摄器材：大疆御 2

拍摄数据：光圈 f/2.8，快门速度 1/20s，感光度 ISO100

拍摄手记　这是 2019 年国庆前夕为了庆祝中华人民共和国成立 70 周年，凌晨在上海外滩陆家嘴测试灯光秀时拍摄的照片。大家可以看到，画面中外滩万国建筑群的楼顶灯光都是亮着的，这在清晨的上海滩难得一见。照片使用了大疆御 2 无人机的全景拍摄模式，而且为了保证拍摄效果，我在天空还没泛红时就升起了无人机，连续拍摄了 20 分钟，最终选择了这幅画面。

笋辉　肖川摄

拍摄器材：尼康 D850，腾龙 SP AF 70—200mm F2.8 Di LD [IF] 微距镜头

拍摄数据：光圈 f/8.0，快门速度 1/100s，感光度 ISO0800，手动白平衡

拍摄手记 在深圳南山区最高峰小南山山顶，可东观后海，西观前海，是拍摄日出日落的好机位。我喜欢日落前半小时的暖色光线，因为这个时段的光影主体层次会更加清晰，影调也更柔和优美，后期不需要大幅调整就可呈现出精彩的效果。拍摄时我采用竖幅构图，以突出建筑独特的笋状形态。

（14）不同角度下的建筑风貌

当我们观看建筑物时，一般多是仰视。在我们拿相机拍摄它们时，同样以仰视拍摄居多。仰视可以通过透视放大建筑物在空间上的距离感，强化其高大和雄伟。同时，相对于中长焦段镜头，广角镜头所带来的透视夸张效果更加强烈，视觉冲击效果也更强。

除了仰视拍摄外，平视拍摄也是我们常用的角度。平视是拍摄时最随和的视角，可以给人带来亲近感和安全感。在平视拍摄建

北京故宫角楼朝霞　段宁摄

拍摄器材：尼康 Z7 II，14mm f/1.8 镜头

拍摄数据：光圈 f/8.0，快门速度 1/50s，感光度 ISO100

拍摄手记 故宫角楼一直是摄影爱好者钟爱的拍摄对象。为了拍摄角楼最美的朝霞，我选择住在故宫附近，每日赶早连续拍了 3 天。为了更好地表现朝霞，我使用了尼康 Z7 II 的间隔拍摄（延时摄影）功能，并升高三脚架，采用平视视角构图，将天空和地面景观均进行了精彩呈现。作为一名中国摄影师，我们有责任和义务拍好我们自己的国家和文化。

筑物时，要特别注意建筑物上的水平线和垂直线，尽量做到横平竖直、稳稳当当，才能把建筑物表现好。很多摄影师在拍摄时就是因为忽视对这些线条的处理，造成建筑物的画面视觉不稳，质感粗糙。

另外，俯视拍摄可以表现建筑群宏大的氛围感。当我们拍摄层层叠叠的建筑群时，俯视可以带给人以强烈的画面构成感，并能够很好地表现建筑群的气势。此外，俯视拍摄能够表现不同建筑物的形态和高低变化，再配合不同的光线效果，更能营造出效果迥异的建筑景观。

俯视拍摄建筑物一般适用广角镜头或长焦镜头，广角镜头可以表现更宽阔的场景空间，长焦镜头则给摄影师提供了截取建筑物局部的机会。

雾锁杭城　张力摄
拍摄器材：不详
拍摄数据：不详

拍摄手记 采用空中俯拍的视角展现城市的日出景象。宽阔的视角和深远的空间透视效果，将城市面貌进行了精彩呈现。同时，作用于城市中的雾气效果，也在画面中发挥出了充分作用，不仅映衬出光芒四射的效果，也赋予了城市独特的氛围和意境。

（二）黄金人像

1. 真实和自然：生活人像

生活人像就如其字义一样，重在表现人物生活中的形象和气息，给人以亲切、熟悉的视觉感受。因此，这也确定了人像摄影师的表现方式和标准。拍摄生活人像，要从生活中寻找拍摄灵感，既要贴近生活，又要以高于生活的美感来呈现人物形象。其中，黄金光线之下的生活人像，可以说独具魅力。下面我们就来看一看如何在黄金时间中捕捉具有自然和真实美感的生活人像照片。

（1）镜头选择

在镜头的选择上可多使用标准镜头（50mm 定焦镜头）、中长焦镜头等。这些镜头的视场相对自然，尤其是标准镜头，其透视关系与人眼相当，所以画面更容易让人产生亲切、真实的视觉感受。而广角镜头的夸张变形效果则不利于营造生活人像真实、自然的画面效果，除非是模特的独特需要，否则可少用。

（2）用光与角度

在运用黄金光线时，注意避免过多的人工光痕迹，如闪光灯的使用，即便因为拍摄需要而加用人工光源，也应注意保持不同光线之间的协调感和真实感，尽量做到不露痕迹，保持光影氛围的真实感，从而避免让观者从画面中明显感受到摄影师的存在。在构图上要注意寻求更能够营造画面亲切感的角度和结构，如平视或俯视的拍摄视角，拍摄特写或中近景画面，以及采用富有生活气息的前景环境来衬托人物等。

（3）服饰与姿态

人物的服饰选择和姿态要尽量自然且日常。特定的服饰、道具和富有生活气息的人物形象在适当的环境下可以呈现出某种生活场景和气息，这也是生活人像的出发点。所以找对模特、找准服装、找对环境，是拍好生活人像照的基础。首先，模特的形象要让人感到亲切，如果这一点不够明显，就需要依靠服饰和环境来衬托。此外，模特的姿态要避免夸张和特立独行，以生活中常见的姿势为佳。对于服饰，要能营造生活的亲切感，以日常服饰为主，轻松、自然、朴实即可，过于矫揉造作的服饰会使人物失去真实生活的故事性。此外，人物的妆容也不可过于浓重，应以淡妆为主。

（4）环境的自然、真实

除去模特和服饰，拍摄场景和现场的环境特征也非常重要。一个真实的生活场景，不仅可以将原本富有生活气息的模特形象衬托得更加生动立体，也使其真实性和故事性大大增加，同时还能开拓观者的想象空间。所以，拍摄生活人像，要多在日常生活的环境中寻找拍摄场景，如卧室、工作间、厨房、农场等。

在家享受清晨咖啡 视觉中国 500px 供图

拍摄器材：佳能 EOS 5D Mark IV, 35mm f/1.4 镜头

拍摄数据：光圈 f/1.4，快门速度 1/2500s，感光度 ISO100

拍摄手记 采用平视角度和近景构图拍摄人物形象，以突出人物的面部表情。高位侧光照明，可将人物面部刻画得立体生动。玻璃的镜面反射效果，与人物产生了虚实对比的效果，从而增加了画面的形式感和生动性。

坐在车里戴墨镜的美女　视觉中国 500px 供图

拍摄器材：不详

拍摄数据：不详

拍摄手记　模特姿态放松、自然，服饰富有生活气息，车内空间给画面营造出真实的氛围感，很好地映衬了人物形象。逆光拍摄，并将光源置于镜头中，以利用光晕效果增强画面的光感氛围。

柔美的女性　视觉中国 500px 供图

拍摄器材：佳能 EOS 5D Mark III

拍摄数据：光圈 f/4.0，快门速度 1/160s，感光度 ISO800

拍摄手记 选择在居室内拍摄，利用居室环境衬托人物轻松惬意的状态，并营造出鲜明的生活气息。图中人物姿态和服饰非常生活化，手中的杂志和杯具也进一步增添了场景的真实感，使人物形象也更加立体。注意镜头中光斑的位置和作用，利用其产生的朦胧效果，以充分展露画面的时光感和美好的氛围感。

2. 青春的魅力：清新人像

清纯人像非常受年轻女孩的青睐，而黄金光线下的清纯人像更有一种温润、青春又纯洁的独特气息。相比性感，清纯是女性的另一种魅力，它意味着美好年华和青春朝气。在人像摄影中，要表现女性的清纯之美，在选择被摄对象和画面营造上就要有与之相贴合的要素，如模特的面容、服饰，画面的色调、用光等都要进行选择和控制。

（1）模特选择

清纯寓意一种冰清玉洁般的美好，具有一种干净、青春、活力、纯洁、羞涩的形象特征。所以，要拍摄清纯人像，首先要选对模特，即模特本身要有一种清纯的气质，一般年轻的女孩（如花季少女等）比较适合。她们正值花样年华，面若桃花，是最能表达清纯气息的对象。

（2）姿态与妆容

模特的姿态要避免过分夸张，应以小尺度动作为主，适时保持一种安静、放松的姿态；在服饰选择上，不宜过分暴露或艳丽，且应避免相对成熟的衣装打扮，以浅色系或纯色系为佳；在妆容上，应以淡妆为主，甚至可以不化妆，因为对于年轻女孩来讲，她们的青春形象足以抵消脂粉的修饰。很难想象，一个浓妆艳抹的女孩身上能够给人传递出清纯的气息。

（3）环境搭配

在环境和背景的搭配上不应过于纷杂，要相对简单且干净。不管是被摄对象还是环境的选择，都应以体现主题为宗旨。只要把握住这一点，拍摄清纯人像就不会太难。

（4）色调与用光

为了更好地营造画面的清纯气息，画面色调和用光也应以干净、柔美为主调。在色调的营造上，则应以浅色调或中间调为主，避免深色调深沉阴郁的气息。在用光上多使用小光比的光照组合，以保持画面的明亮度；还可使用逆光来勾勒人物的外形轮廓，尤其是模特秀丽的长发。逆光既可以是黄金光线，也可以是人工照明光，都可以带来良好的视觉效果。当然，逆光之下还要注意控制光比反差，必要时对人物的暗部进行补光。

微信扫码

☑ AI摄影助手
☑ 作者摄影讲堂
☑ 摄影灵感库
☑ 创意后期教程

开心一刻　视觉中国 500px 供图

拍摄器材：索尼 ILCE-7RM2，佳能 EF 85mm F1.2L II USM 镜头

拍摄数据：光圈 f/1.4，快门速度 1/1250s，感光度 ISO100

拍摄手记 将黄金光线作为逆光勾勒人物形态时，可采用小景深虚化背景，以突出人物可爱的情态、日常清淡的服饰和妆容。为了捕捉更加精彩的人物形象，可采用连拍模式，从中选取最佳瞬间。

年轻女子　视觉中国 500px 供图

拍摄器材：不详

拍摄数据：不详

拍摄手记　照片选择富有青春活力的年轻女孩作为被摄对象，其舒展又富有想象力的姿态，更增加了人物纯净的青春气息。利用黄金光线刻画人物形象，通过逆光位勾勒人物形态，此时应特别关注对人物头发动态的捕捉。通过控制色温，营造出略显夸张的暖色调效果。

窗边的中国芭蕾舞演员　视觉中国 500px 供图

拍摄器材：索尼 ILCE-7RM3，FE 50mm F1.4 GM 镜头

拍摄数据：光圈 f/1.4，快门速度 1/125s，感光度 ISO100，自动白平衡

拍摄手记 注意观察室内的光线条件，将人物置于窗户旁边，利用窗户光刻画人物形象——逆光勾勒、突显人物的"S"形身姿，侧光塑造人物的立体形态。在曝光时适当过度处理，使画面色调不会过于灰暗。舞蹈演员形象清纯，身体姿态体现出专业背景，赋予人物以身份特征。

3. 暗示的美感：性感人像

拍摄性感人像，光色会产生鲜明的渲染作用。黄金光线的暖色调效果，可以强化人物的性感特征。同时，其不同光位产生的塑造效果，也可以突显人物的性感气息，如逆光可以将女性玲珑的"S"形曲线身材进行完美勾勒；而富有节奏感的明暗变化和影调控制，则可以营造出人物性感、神秘的一面。

（1）暗示的游戏

要拍好性感人像，就要玩好"暗示的游戏"。因为性感人像不同于人体摄影，其诱惑力在于藏与露之间，是一种富有想

穿着飘逸长裙的年轻女人　视觉中国 500px 供图

拍摄器材：佳能 EOS 5D Mark III，EF 135mm f/2L USM 镜头

拍摄数据：光圈 f/2.0，快门速度 1/200s，感光度 ISO100

拍摄手记　选择较为性感的服饰以展现人物曼妙的身姿，画面侧光位的黄金光线突显了人物的性感曲线，并对人物金色的长发有着生动刻画。大面积的花海起到了很好的衬托效果，虚化的运用营造出浓郁的空间氛围，让人物看上去更加立体生动。

象力的美感。拍摄性感的人物照片，被摄对象本身具备性感的特质和元素是基础。因此，摄影师对性感的拿捏要把握好分寸，要对被摄对象的性感尺度有正确的判断，做好"暗示"所应有的韵味。过分的性感会媚俗，而欠缺的性感又缺乏"暗示"的力度，都不可取。

（2）少即是多

画面中除主体之外的其他元素，也应力求具备一定的性感暗示或渲染作用。比如在色彩、色调、结构、图案、道具形态等方面流露性感气息，会增加画面的表达力度。对于性感的暗示，要遵循"少即是多"的原则，即在性感人像的画面中，暗示的

年轻的金发女人　视觉中国 500px 供图

拍摄器材：佳能 EOS 5D Mark II

拍摄数据：光圈 f/7.1，快门速度 1/160s，感光度 ISO100，自动白平衡

拍摄手记　首先营造一个家居环境，让被摄对象自然放松，而后采用高调效果映衬人物年轻、美好的形象。适当的身体裸露会让人物更显性感，尤其墙壁上的高光图形与人物形象相得益彰，起到了重要的衬托作用。

要远比展示得多，间接的镜头要远比直接得多，观者可以通过画面的暗示和自己的想象来理解画面。比如，相较于直接拍摄人物裸露的躯体，性感的表现方式更接近于以"隐蔽""遮掩"的形态来间接表达人物身体的性感。

（3）服饰的暗示效果

服饰是一种可以达到暗示效果的极佳存在。对于女性来讲，我们对其性感的想象力首先是从着装开始的。衣装对于身体的性感暗示不在于多少，而在于其在身体上预留出来的想象空间，即一种多层次的充满诱惑力的暗示。

日落时分　视觉中国 500px 供图

拍摄器材：佳能 EOS 6D，35mm 镜头

拍摄数据：光圈 f/2.0，快门速度 1/1600s，感光度 ISO200，手动白平衡

拍摄手记 利用现场植物作前景，并以均衡的左右构图增加画面的形式感，同时将人物安排于前景间隙之中，以吸引观者视线，突显人物形象。服饰则选择了半透明的裙装，当人物迎光摆姿时，光线的刻画及裙装半透明的质感，都可以将人物性感的一面生动展现。

4. 流行美学：时尚人像

时尚人像相对来说，更加关注的是流行所带来的一些美学特征。时尚人像与流行元素息息相关，这在时尚杂志中就可以感受得到。所以，要想拍摄出时尚的人像照片，关注流行文化和风向，知晓服装搭配和时兴的照片风格尤为重要。

（1）画面营造

在黄金光线之下拍摄时尚人像，要注重黄金光线的色彩属性和对比效果，以及不同光位可能产生的明暗变化，以此来营造时尚的光色氛围，突显人物形态，这是我们选择黄金时间拍摄人像的重要目的。在画面营造上，服饰的表达可能要比人物形象显得更具积极性。这与性感人像和生活人像有所不同，因为要想表达出时尚感，肩负潮流美学的服饰显然更具时尚意味。同样的被摄对象，身穿普通的生活装与身穿流行品牌服饰，所带给人的形象气质显然不同。虽然时尚人像更注重服饰的表达，但人物的形象气质也需要与服饰的风格相协调才能和谐，这也是为什么时装展示需要用专业模特的原因所在。因此，在时尚人像中，摄影师更重要的任务就在于通过捕捉被摄对象的姿态和形体塑造出时尚感。

暖阳下的肖像　视觉中国 500px 供图

拍摄器材：不详

拍摄数据：不详

拍摄手记　在黄金光线下，利用遮阳帽产生的反光效果，在人物面部形成暖色调，让人物看上去更具亲和力。模特服饰的搭配干净、时尚，再配合暖阳的光色，以及草地和大面积的天空背景，营造出自然时尚的韵味。

（2）形象设计

在人物造型上若没有合作的专业形象设计师，摄影师就需要懂得如何"穿衣打扮"才能呈现出时尚感，即需要学习一些服饰的搭配技巧才能让拍摄更加顺利。如果被摄对象本身时尚敏感度高且有时尚的生活方式，那么将搭配交给被摄对象自己来完成也可以。

（3）夸张

时尚人像还有一个特点就是"夸张"，常常需要"别扭"和夸张的姿态、妆容以及丰富的道具来完成，画面带有强烈的设计感和主观性。但拍摄时要遵循"不为夸张而夸张"的原则，将其保持在合理的艺术氛围之内，否则容易给观者带来滑稽、肤浅等不好的视觉印象，时尚感也会荡然无存。

戴草帽的女子　视觉中国 500px 供图

拍摄器材：佳能 EOS RP，35mm f/1.4 镜头

拍摄数据：光圈 f/1.4，快门速度 1/4000s，感光度 ISO50

拍摄手记 模特面对光线摆姿，可以利用明亮的黄金光线塑造人物面部情态。清晰聚焦模特的眼睛，并采用特写画面以捕捉人物的表情瞬间。模特的妆容和装饰就很有时尚气息，阔檐草帽的自身结构使画面形成了富有形式感的构图效果，从而进一步突显了人物面部的视觉中心地位。

女子的笑　视觉中国 500px 供图

拍摄器材：佳能 EOS 5D Mark II，EF 24—70mm f/2.8L USM 镜头

拍摄数据：光圈 f/6.3，快门速度 1/250s，感光度 ISO200，自动白平衡

拍摄手记 人物摆姿开放，表情夸张，恰到好处地彰显出人物豪放爽朗的性格特征。利用黄金光线作为侧逆光勾勒人物的形态轮廓，塑造立体效果。同时从人物一侧对正面进行补光，以刻画人物的面部表情和形象细节，来加强人物的立体感。

5. 身体的表达：人体艺术

人体在人像摄影中是一个充满艺术魅力的主题领域，其魅力就在于摄影师通过镜头所展现出来的人体的形体美和丰富的文化内涵，是人们对于自身美的一种探索和表达。因此，人体的拍摄关注的不是人物的气质及性格等个性特征，而是更加强调人本身的形体美感，以及通过人的身体语言所展现出来的意境和韵味。所以，摄影师在以人体为主题的表达中，要着力于对人物形体美进行多层次探索。这种探索不仅有赖于模特在姿态和造型上的表达，更在于摄影师观察上的取舍，以及构图、用光等塑造手法的运用。

（1）审美眼光

人体并非每个角度看上去都是美的，摄影师需要在镜头前对人体作精心的构图和取舍。在这一过程中，摄影师的摄影技术只

中国芭蕾舞演员　视觉中国 500px 供图

拍摄器材：索尼 ILCE-7，腾龙 E 28—75mm f/2.8 镜头

拍摄数据：光圈 f/2.8，快门速度 1/500s，感光度 ISO0800，自动白平衡

拍摄手记 利用投射进室内的窗户光为人物提供有效照明，逆光可勾勒出人物优美典雅的舞姿，也使芭蕾舞演员的曼妙身姿更加立体、简约且富有光影美感。同时，纱质的舞裙以半透明的朦胧质感也将人物的舞姿衬托得更加美妙、性感，富有些许神秘气息。

是基础，但要将人体拍出韵味和意境，更依赖于摄影师独特的审美眼光和深厚的艺术素养。所以在平时，摄影师可以从绘画和摄影等艺术领域的人体名作中获取灵感和技巧，这也是提高自身审美眼光和艺术素养的重要途径。

（2）循序渐进

如果是初次接触人体摄影，则要注意循序渐进，从构图、用光等表现手法上加深对人体塑造的理解，努力将人体的形态、肤色、质感等生物特征表现出来，而后深入人体内部，寻求表现人体局部和细节的形态美感。

人体在不同的姿态和角度下，可以产生丰富

泳池边的性感女人　视觉中国 500px 供图

拍摄器材：不详

拍摄数据：不详

拍摄手记 在现场注意观察光影，利用太阳产生的投影与模特的身姿巧妙结合，以形成生动画面。在构图时，要注意水平线的构置，确保其与取景框呈现横平竖直的透视效果。人物舒展的躺姿放松自然，且很好地展现出了模特生动的身体曲线。

的线条和结构，而通过用光可以强化或改变它们，通过构图可以刻画或突显它们。这也是人体摄影的有趣之处。

（3）光效运用

通过各种不同的黄金光效，可使人体结构或充满活力的生命气息，或呈现柔美动人的韵致曲线，或呈现节奏分明的影调层次，或呈现丰满动人的姿态质感。通过精致的取舍构图，可使人体或呈现抽象神秘的结构美感，或呈现比例和谐的体态韵律，或呈现主次分明的视觉张力，或呈现隐喻暗示的视觉空间，不一而足。最终，人体魅力体现于摄影师自身对人体的个性探索和意蕴表达。

在沙滩边行走的模特　视觉中国 500px 供图

拍摄器材：佳能 EOS 5D Mark IV，EF 24—70mm f/2.8L II USM 镜头

拍摄数据：光圈 f/4.0，快门速度 1/500s，感光度 ISO200，手动白平衡

拍摄手记　模特身穿泳装逆光而来，利用明亮的沙滩和水中的倒影生动了画面。拍摄时降低拍摄角度，采用仰拍以突显人物修长性感的身材。同时注意人物与其身后太阳的位置，以确保人物遮挡住太阳。然后在曝光时适当曝光过度，以增强画面的光感效果。

6．幸福与美好：婚纱人像

婚纱人像是一个充满幸福、欢乐和仪式感的拍摄主题。所以，在婚纱人像的拍摄中，要注意在人物身上营造和表达这种主题特征，如充满幸福的笑容、对美好生活的向往、美丽的婚纱和鲜花等，都具有美好的寓意。而黄金光线的温暖氛围，则无疑会让画面效果锦上添花。

（1）人物摆姿

在人物摆姿上，若要突显画面的庄重感，则宜以小动作为主，幅度过大的摆姿会破坏婚纱摄影中的仪式感，画面则应偏向静态和含蓄。若要突显画面的欢乐气氛，在摆姿上可以加大动作幅度的变化，画面也可偏向动态和张扬。

美丽的小公主　视觉中国 500px 供图

拍摄器材：佳能 EOS 6D，EF 85mm f/1.8 USM 镜头

拍摄数据：光圈 f/1.8，快门速度 1/4000s，感光度 ISO1250

拍摄手记　人物在摆姿时以小动作为主，黄金光线下营造的逆光氛围给画面带来了静谧气息，也进一步映衬出人物含蓄、静态的形象。人物服饰则于性感中透露着典雅，彰显出人物的"公主"形象。

（2）拍摄形式

在拍摄形式上，一般有两种情况。一种是拍摄婚礼前的肖像写真，一种是拍摄婚礼现场。拍摄婚纱写真时，要与被摄对象充分沟通，了解其喜欢的风格和主题方向，以明确拍摄场景和思路。在拍摄过程中，要主动引导被摄对象做出合适的动作，且在用光上要能够突显主体，营造主题氛围。如果是在婚礼现场拍摄，紧张度会较高，需要摄影师敏捷、迅速地拍摄，而且要提前了解婚礼行程，并善于处理现场的复杂光线和环境。婚礼现场新郎新娘的环境肖像自然是必选项，在黄金光线下捕捉主体人物的美姿是项考验。此外，可以将注意力投注于主体人物的局部和细节，发现富有表现空间的特写画面，这也是婚纱摄影中的重要表现方式。富有表现力的局部与细节更具隐喻性，能够激发观者的想象力，得到与整体人物照片截然不同的画面效果。

新娘和新郎　视觉中国 500px 供图

拍摄器材：尼康 D800，50mm f/1.4 镜头

拍摄数据：光圈 f/2.0，快门速度 1/1000s，感光度 ISO200

拍摄手记 室内拍摄婚纱照，可以充分发挥"导演"的作用，在环境的搭建、风格的选择，以及人物服饰和摆姿上进行设计。画面中以格子状的窗户作为背景，不仅增强了画面的形式感，且很好地映衬了人物形象。人物则进行了剪影化处理，并在用光上突显出婚纱的整体质感。

翩翩起舞　视觉中国 500px 供图

拍摄器材：佳能 EOS 5D Mark III，EF 50mm f/1.2L USM 镜头

拍摄数据：光圈 f/3.2，快门速度 1/640s，感光度 ISO400

拍摄手记 利用黄金逆光勾勒人物体态，同时眩光带来的朦胧效果也为主体人物增添了梦幻气息，使得现场美好、幸福的氛围感愈加浓郁。

（3）巧用服饰和道具

因为婚纱摄影的服饰比较独特，且极具美感，所以充分利用服饰来为表现画面人物增加创意性和形式感，也是非常有效的一种表达手段。为了缓和被摄对象的紧张心理，并增加画面的氛围感，一般会为被摄对象选择适合主题背景的道具。道具不仅可以分散被摄对象的注意力，增加其摆姿上的自然度，还可使拍摄氛围更加融洽，并在画面构图上起到积极作用。

新婚夫妇　视觉中国 500px 供图

拍摄器材：尼康 D850，24—70mm f/2.8 镜头

拍摄数据：光圈 f/2.8，快门速度 1/200s，感光度 ISO320，手动白平衡

拍摄手记 使用花篮作为道具辅助人物摆姿，并增强画面的氛围感。人物的服饰以婚礼为主题进行选择，以突显婚礼的仪式感。画面中的人物摆姿亲密自然，彰显出幸福感。

7. 在路上：旅行人像

当我们迎着晨光上路，对着落日感叹，让金色的光辉映照脸颊，让异域风情刺激兴奋的神经，人物神情和体态也由此变得更加放松且富有情绪感。旅行果真是一件愉悦身心的事情，而在旅行中记录下美好瞬间，则更能增加旅行的乐趣和意义。所以，旅行写真一直以来都备受人们的欢迎。那么如何拍摄出生动迷人的旅行写真呢？

（1）良好的状态

要确保所拍人物具有良好的身体和精神状态。旅行虽然开心刺激，但紧张的行程和长途跋涉又会增加身体的疲劳度，而没有精

拿吉他的年轻女子　视觉中国 500px 供图

拍摄器材：佳能 EOS 5D Mark III，EF 70—200mm f/2.8L IS II USM 镜头

拍摄数据：光圈 f/4.0，快门速度 1/400s，感光度 ISO100，手动白平衡

拍摄手记 模特快乐、放松的精气神，通过舒展的摆姿和欢笑的面部情态进行了很好的呈现。此外，注意拍摄现场的线面结构，尤其是麦田中间曲折蜿蜒的沟渠，可以帮助画面产生生动的形式感。

气神的被摄对象也可能会失去拍照的冲动和热情，就更不用说能拍摄出迷人的照片了。所以，旅行中的休息很重要。合理安排行程，调整好旅行节奏，为被摄对象预留出充足的休整时间，才能营造出轻松愉快的旅行氛围，这也是旅行写真的第一步。

（2）黄金时间

在旅行中选择黄金时间拍摄人像照片，依然是重要且常用的方式。不管是在清晨还是在傍晚，借用黄金光线营造的光照氛围，对刻画人物形态、营造画面情绪都颇具表现效果。在拍摄中，可以拍摄环境人像。比如，通过旅行中的环境表达，来营造放松、平静、快乐的氛围；也可以拍摄中近景人像，重点刻画旅行中的人物情态。至于选用怎样的拍摄角度和光位，以及如何调整合适的人物摆姿，都需要摄影师临场反应，再依据拍摄思路和感觉去发挥。

起舞　视觉中国 500px 供图

拍摄器材：佳能 EOS 5DS R

拍摄数据：光圈 f/5.6，快门速度 1/1250s，感光度 ISO320，自动白平衡

拍摄手记 清晨雾气尚存，黄金光线映照下的人物身姿明暗立体效果明显，且将人物的舞姿刻画得更加灵动优美。利用水面的反光效果形成的明亮平面，倒映出人物的身影，营造出静谧的意蕴和生动的形式。大面积的天空留白则为人物形象增添了想象空间，也增强了画面的写意氛围。

（3）适宜的服饰与器材

根据旅行目的地的特点，如风景风貌、人文习俗、文化特征等，携带相适宜的服饰和器材。比如，去极地旅行与去热带地区旅行，所携带的衣服以及相关的防护措施一定是不同的，而且对于摄影器材的选择和保护也会有所差异。

（4）捕捉旅行特色

在拍摄中，要注意被摄对象与旅行地特色的有效融合，以保证旅行写真具备当地的异域风情和文化特征，否则旅行写真便失去了意义。一幅在英国伦敦拍摄的旅行写真，与一幅在中国北京拍摄的旅行写真看不出区别，那就失去了拍摄的意义。所以，寻找富有地域特征的景观和文化氛围作为环境要素来表现人物形象，是旅行写真的重要之举，最常见的就是"旅行纪念照"。当然，旅行写真并不只局限于"旅行纪念照"。

爱在巴黎　视觉中国 500px 供图

拍摄器材：尼康 D850，24—70mm f/2.8 镜头

拍摄数据：光圈 f/9.0，快门速度 1/250s，感光度 ISO64，自动白平衡

拍摄手记　通过人物的服饰装扮以及背景中具有代表性的地标建筑，展现旅行的地域特征。人物的背影刻画给观者以联想，黄金逆光所勾勒出的人物形态、爱心摆姿与埃菲尔铁塔相映成趣，展现出了主题意趣。

（5）器材附件的选择

考虑旅行的便利性，我们一般不会选择随身携带人工灯具，但为了旅行写真中的丰富用光，则可以携带反光板、手电筒或者热靴闪光灯等小工具来修复必要条件下的光照条件。在光比反差较大的环境中，如室内，可以使用反光板；在清晨或者傍晚等弱光条件下，可以使用手电筒或者热靴闪光灯来辅助照明，效果非常不错。

情侣　视觉中国 500px 供图

拍摄器材：佳能 EOS Rebel T6，图丽 AT-X 116 PRO DX II 11—16mm f/2.8 镜头

拍摄数据：光圈 f/2.8，快门速度 30s，感光度 ISO400，自动白平衡

拍摄手记 采用多重曝光法，在夕阳西下时拍摄景观环境；在日落之后，夜幕降临之前设定长时间曝光，并采用光绘手法绘制爱心图形；在暮色初降之时，捕捉天空星云。

8. 角色的塑造：情景人像

情景人像是指摄影师根据拍摄主题营造或布置具备某种情景氛围的环境，使人物融入环境之中，成为情境中的一个客体，与环境一起成为诉说故事、表现情节的画面场景。所以，情景人像重在表现某种情景、风格，人物只是其中的一个渲染因素，或者是用于填充画面的角色。如果在黄金光线之下，我们还需要考虑光线风格与情景主题的协调性，以发挥好光线的作用。

自然中的年轻女子　视觉中国 500px 供图
拍摄器材：不详
拍摄数据：不详

拍摄手记 指导模特摆出画面中的姿势，同时让模特闭上双眼，做出沉浸在自我情绪中的感觉。然后低角度仰视拍摄，并通过选择拍摄角度将落日构置在人物的脖颈位置，同时又遮挡住一部分。此时背景中的山脉线条给画面营造出活力满满的动感效果，以映衬人物的心境。色调处理上，则通过控制色温营造暖色调效果，来增强画面的故事感。

（1）做好导演角色

在情景人像的拍摄中，摄影师看上去更像一名导演，对于环境的选择、场景的搭建、道具的运用、人物状态和情绪的把握等，都需要摄影师来主导和安排。所以，摄影师在拍摄情景人像之前，需要明确自己的拍摄意图和表现目标，才能做到有目的、有计划地进行拍摄。此外，情景人像很重要的一点就是模特在画面中不再具有个性特征，而是因情景氛围所存在、所塑造。这也要求模特能够了解摄影师的表达意图，对情景表达有准确的认识和投入，能够将自己与情景融为一体，体现出恰当的情绪和状态。

（2）营造情景的真实感

对于摄影师而言，营造一个情景就如同创造一个别样的生活空间，因此需要懂得如何运用独特的道具、适宜的服饰、相衬的妆容和恰当的地点等，来将场景和模特有效地联系起来，避免出现模特与环境格格不入或突兀刻板的情况。

首先，要根据情景的需要选择合适的地点。这既可以是生活中的场景，也可以是特意搭建的场景。另外，除了黄金光线之外，可能会因为营造特殊的明暗光效和氛围而需要使用灯光。

其次，道具、服饰，以及背景或其他物品的添置，也都要以符合情景故事的情节或氛围为标准进行选择。

再次，模特的状态和情绪。摄影师要注意模特的发型、妆容、姿势、表情的塑造和展现，并通过不断地沟通和交流，使其明白摄影师想要的状态和情绪。这也要求情景人像中的模特，在一定程度上需要有较强的表现力才行。

微信扫码

- ☑ AI摄影助手
- ☑ 作者摄影讲堂
- ☑ 摄影灵感库
- ☑ 创意后期教程

作画的快乐女孩　视觉中国 500px 供图

拍摄器材：佳能 EOS 5D Mark III，EF 70—200mm f/2.8L IS II USM 镜头

拍摄数据：光圈 f/4.0，快门速度 1/320s，感光度 ISO200，自动白平衡

拍摄手记　注意人物摆姿的自然感，并通过服饰、自行车等道具营造人物的身份特征和故事情景，同时将人物安排在道路的明亮位置，以使背景中的林荫道为人物营造空间氛围，突显人物形象。

9. 情绪与情感：怀旧人像

怀旧风格的人像摄影主打心理和感情牌，即通过特殊的环境、服饰、人物姿态和色调的营造，使其画面氛围和效果能够诱发人们对旧时光的怀念之情。其中，黄金光线带来的暖色调氛围，对于怀旧人像的拍摄有着自然的渲染效果。

（1）营造怀旧感

拍摄怀旧人像，重在对过往时光和情景的模仿性复制和营造，所以要求模特具备一定的表演能力，即能够生动逼真地表现情景角色。此外，若要表现一些富有时代气息和特征的怀旧画面，还需要有符合当时生活特征的衣着服饰、环境物件等。但需要注意的是，要避免将怀旧人像塑造成一个逼真的"电影角色"，要在画面中保留一些能够让观者回归现实的因素，即提醒观者，这只是模特在现实中寻求的一种"怀旧情怀"，而不是真实的"旧时光"，而这种表达可以在环境和人物的姿态、表情中予以暗示。

祈愿 易伟龙摄

拍摄器材：不详

拍摄数据：不详

拍摄手记 这张照片拍摄于上海真如寺，寺庙距今有800多年的历史，寺内建筑古朴，非常适合拍摄古装汉服类作品。拍摄当天阳光很好，但是正午时分的阳光又过于强烈，所以我们等到了黄昏时分。此时的光线刚巧照过河边连廊，模特的明制汉服在阳光下显得格外好看。拍摄时，我使用85mm定焦镜头将连廊的纵深感和虚化感都体现得恰到好处。尤其让模特走的这几步，不仅让她感觉像在轻松逛园子，也更好地营造出这种带有几分怀旧色彩的氛围感。

（2）渲染怀旧情绪

拍摄怀旧人像，摄影师最重要的任务就是寻求画面中的"怀旧"情绪。相较于对人物的刻画，整幅画面的影调和氛围的营造更加重要。

首先，模特要将自己纳入"怀旧"主题的氛围之下，并予以恰当的表情和动作；而摄影师则需要注意用黄金光线、构图方式来塑造和渲染人物的情绪，并通过色调的调整来加强画面的"怀旧"意味。比如，一般情况下，小光比的影调要比大光比的影调看上去更加温情，相对就更适合于表达怀旧的情绪；而橙黄色调或黄褐色调，则更容易让人联想到那些泛黄的老照片。而且回忆过往的时光，相比冷色调，暖色调也更能够勾起人们的怀旧情绪。

其次，在构图上可以为模特适当留白。比如，在模特的视线方向上预留出充足的空间，以强化人物的心理活动，为怀旧情绪营造画面氛围。

彝族服饰　赵旭摄

拍摄器材：佳能 EOS R6，EF 24—70mm f/2.8L II USM 镜头

拍摄数据：光圈 f/4.0，快门速度 1/125s，感光度 ISO0500，自动白平衡

拍摄手记 用当地彝族老宅熏黑的墙壁和旧家具作为背景（因为彝族人有在屋内火塘烧火做饭取暖的习惯，所以房间常会被熏黑），会使画面显得古朴且充满烟火气；服装则选择了传统的新娘嫁衣，其做工繁复，华丽且色彩艳丽，如此搭配上古老的背景显示出浓浓的民族风情。模特正前方的主光源是窗口照射进来的自然光，模特后方还打了一个偏暖的轮廓光，使人物的暗部不会完全融入背景中。因为屋内光线较暗，器材就选用了高感光度比较出色的佳能 EOS R6 相机和 EF24—70mm 镜头，拍摄完成后用 PS 处理出图。此片的拍摄心得是，尽量运用古老的元素来表现少数民族的古老文化和传承，画面色彩对比强烈又和谐，人物端庄又不失灵动。

10. 个性与观念：创意人像

创意对于摄影师来讲非常重要，因为它能让你与众不同。一个富有创意和个性的人像摄影师也更让被摄对象所喜欢，而且会成为摄影师自身的一种风格，使其摄影生涯更具生命力。对于被摄对象来讲，一个追求创意与个性的摄影师要比毫无想法和风格的"工匠式"摄影师更值得信赖。所以，摄影师在掌握了一定的摄影技法之后，要开动脑筋，提高自己的艺术审美趣味，将注意力更多地投注于主题创意和个性展示上来，以使画面风格保持生机和艺术气息。

飘浮　视觉中国 500px 供图

拍摄器材：尼康 D600

拍摄数据：光圈 f/4.0，快门速度 1/400s，感光度 ISO100，手动白平衡

拍摄手记 通过后期处理，画面展现出独特的创意和鲜明的个性。为人物选择一处静谧、美丽的自然环境，借助黄金顺光刻画人物形态。同时人物摆好姿势趴在床铺上，并通过打字机和纷飞的纸张展现出一种画面情景，来吸引观者去联想。后期处理时可对支撑人物和打字机的道具进行抹除，以营造出悬空漂浮的人物状态，充满创意性。拍摄这样的照片，首先需要富有个性的想法，然后提前设计好拍摄方案，一步步去制作，将想法变为现实。

（1）画面个性

画面个性一部分来自于摄影师自身的审美趣味，另一部分则来自于后天的训练，即发现自己的拍摄趣味和风格后加以强化。这也是让摄影师的拍摄风格迅速成熟起来的有效方式。当然，任何艺术创作都会遭遇瓶颈期，这个时候要想寻求突破，找到新的表现方式，就需要重新发现自我，并从外界寻求灵感和刺激，为自己的作品注入新的创意和个性。

（2）画面创意

创意之于画面，简单来讲，就是新鲜的、不同的且富有趣味的想法和呈现方式，可以是整个拍摄主题的一种创造性表达，也可以是单幅画面的一种独特营造，可以体现于拍摄前后的方方面面。从一个想法的萌芽、成形到付诸实践，我们称之为有预谋的创作；若只是拍摄前的灵机一动，我们称之为即兴创作，但这都是我们经常采用和尝试的创意方式。

创意需要从生活中去寻求，并将它们与摄影师想要表达的画面结合起来，最终形成创意画面。所以，当摄影师在生活中出现灵光一闪的想法和点子时，要及时记录下来并养成习惯，久而久之，就会拥有自己非常宝贵的创意库。

创意也可以从名画佳作中去寻求。一些名画佳作本身就具有实践性和创造力，多借鉴名画佳作，不仅可以提高自己的艺术修养，更重要的是可以开阔自己的艺术视野和思维，让自己的创作心态始终处于打开的状态，在与名画佳作的碰撞中产生新的想法和创意。

女人与花　视觉中国 500px 供图

拍摄器材：不详

拍摄数据：不详

拍摄手记　为人物选择游乐场作为拍摄背景，同时利用黄金逆光塑造人物修长、性感的身材。指导模特摆出充满动感的奔跑姿势，并用夸张的花束遮挡住面部，使花束与人物的躯体完美结合，角落的小狗和掉在地上的冰淇淋则为画面增添了一种悬念感，也赋予人物一种神秘的想象力。

（三）植物有佳期

1. 最佳拍摄时机

拍摄植物的最佳时间是在清晨，尤其是当植物上洒满露珠，将干未干之时，是植物看起来最精神、最新鲜的时刻。但这一拍摄时刻往往比较短暂，当太阳出来半小时后，露水基本就会消失，所以要抓紧拍摄。

比如，拍摄夏日荷花，早上7点至8点是最佳拍摄时机，金色的阳光刚刚照射在荷

明湖荷花　卢一平摄

拍摄器材：佳能 EOS 700D，EF-S 55—250mm f/4—5.6 IS STM 镜头

拍摄数据：光圈 f/5.6，快门速度 1/250s，感光度 ISO200，自动白平衡

拍摄手记　利用清晨黄金光线拍摄，并从侧光位刻画荷花的立体形态和生动质感。对离岸近的荷花进行俯拍，可以将花蕊拍得更加清晰。缩小取景范围，可使画面更加简洁。让主体处于黄金分割处，可增强画面的视觉美感。对荷花作补光处理，让花朵细节更加清晰。

花上，盛开的花瓣也艳丽饱满；而8点以后的花瓣往往会因为阳光变强而打蔫，精气神不足，就更不用说被太阳暴晒的中午和晒了将近一天的下午了。但荷花的特别之处在于，除了夏荷还有残荷可拍。比如，秋冬的荷叶在清晨一般会结霜，在黄金光线的映照下，非常具有美感。此外，傍晚的残荷也同样具有独特的吸引力。

冬荷　王伟摄

拍摄器材：宾得 K-1，SMC PENTAX-D FA MACRO 100mm f/2.8 WR 镜头

拍摄数据：光圈 f/4.5，快门速度 1/125s，感光度 ISO100，自动白平衡

拍摄手记 照片拍摄于 2021 年 10 月 30 日的安邦河国家湿地公园（黑龙江省双鸭山市）。深秋的安邦河湿地已有霜冻，清晨，成片的莲蓬上结了薄霜，在日出的映照下显得格外漂亮。我从逆光位使用微距镜头拍摄残荷的局部，且拍摄时屏气凝神，尽最大可能让相机保持稳定。日出时的光线并不强烈，一方面，为了保证画质，感光度不能调得太高；另一方面，因为是微距镜头，为了确保画面足够"结实"，又不能使用太大的光圈、太低的快门。所以，拍摄时必须综合考虑几方面因素，才能拍出精彩作品。

2. 黄金顺光之于植物

我们在前面的章节中讲到过顺光的表现优势，所以在顺光之下拍摄植物，就应以表现其色彩和形态特征为重点。

（1）用黄金顺光表现植物色彩

植物大多具有生动的色彩，能带给人美好的视觉享受和想象。采用顺光来表现植物色彩的独特之美，是较为有效的表现手法。

当明亮的黄金顺光为植物带来充足的照明和

含苞欲放的依偎　潘光兴摄

拍摄器材：佳能 EOS 5D Mark III，EF 70—200mm f/2.8L IS II USM 镜头

拍摄数据：光圈 f/3.2，快门速度 1/8000s，感光度 ISO0400，自动白平衡

拍摄手记　照片拍摄于佛山亚洲艺术公园。公园的荷花池采用的是暗管喷雾，每当太阳从地平线升起，光线与喷雾结合后，眼前看到的风景就如仙境！可不巧的是，拍摄当天喷雾系统出了问题，于是我只能在万千荷花中寻觅可拍摄的对象。一对荷花与莲蓬在金色顺光的照射下，纤毫毕现、色彩艳丽，尤其是晶莹的水滴使其看上去更加洁净，荷花"出淤泥而不染"的气质油然而生。通过寻找拍摄角度，营造出两者"依偎"的情态，彰显主题意趣。

均匀的照度时，就可以精致刻画出植物的细节层次，并使植物的色彩变得更加饱满艳丽，尤其是被镀上金黄色调之后，更会增强其视觉张力和情绪表达。

（2）用黄金顺光表现植物形态

顺光之下，因为缺少明暗变化对植物形状的影响，所以植物的外形会得到忠实而完美的呈现，其艳丽的色彩和丰富的细节，加之生动的外形支撑，使整个植物形象显得格外精彩、饱满。但因为顺光也具有光效平淡、缺乏立体表现的缺点，所以在使用时要懂得扬长避短、合理构图，通过恰当的观察和取景，选取富有形式美感，或者具有独特形态特征的植物，是拍出佳片的关键。

堆心菊特写　视觉中国 500px 供图

拍摄器材：尼康 D750，105mm f/2.8 镜头

拍摄数据：光圈 f/5.6，快门速度 1/320s，感光度 ISO250，自动白平衡

拍摄手记　柔和的顺光对于刻画主体的形态细节有着突出优势。清晰聚焦花卉的花蕾，细致刻画花蕾的形态特征。使用小景深虚化背景，营造简洁抽象的空间氛围，突显花蕾的形态特征。丰富的细节刻画、生动的形态呈现，以及艳丽的色彩都让这株堆心菊充满了吸引力。

3. 黄金侧光之于植物

（1）突显植物的立体感

　　侧光因为具有一定的照射角度，可以制造鲜明的明暗效果，因此其最大的优势就是能够形象地刻画被摄对象的质感特征，突显其空间立体效果。运用在植物拍摄中，可以很好地表现植物的质感纹理，形成丰富的明暗影调变化，营造植物的立体效果，使画面富有变化和光感。

（2）表现植物的节奏变化

　　同一种属的植物往往在形态上具有相似性，如同种树木、花卉等，所以比较容易为画面营造节奏感。所谓节奏感，是指摄影画面中富有节律性的层次感所给观者带来的一种视觉感受。通常，节奏感的营造更多的是依靠取景构图来实现的。在画面中，通过构置具有相似特征的个体，如排列的树木、密布的花卉等，形成具有一定秩序感的前后或者左右空间的排列或过渡，最终形成节奏感。而侧光所形成的明暗影调和鲜明光感，刚好可以强化这种节奏感，为植物表现带来生动、有序的趣味效果。

两朵盛开的荷花　蒋伟摄

拍摄器材：索尼 ILCE-7RM3，FE 70—200mm F2.8 GM OSS II 镜头

拍摄数据：光圈 f/4.0，快门速度 1/320s，感光度 ISO100，自动白平衡

拍摄手记 在拍摄时主要考虑以下问题：等待日出时的低角度光线，以便更好地打亮前景荷花；侧光拍摄，使前景荷花与背景形成明暗对比；使用 70—200mm 长焦镜头拍摄，使前后两朵荷花一虚一实，形成虚实对比。

冬天有雾的针叶林　视觉中国 500px 供图

拍摄器材：不详

拍摄数据：不详

拍摄手记　选择树林的边缘，在清晨阳光斜射进树林时拍摄。选择侧光位，利用黄金光线产生的明暗效果塑造树木形态，使其形态清晰、鲜明，突显其林立、排列的特征。林间薄雾可以进一步强化光线的方向感和场景塑造，使画面更具光感氛围。在构图时选择中景画面，不仅可以让前景中的树木得到细节刻画，同时也可以将树木排列的节奏感更好呈现。

4. 黄金逆光之于植物

（1）表现植物生动的脉络结构

植物的一些叶片、花瓣等往往具有丰富、生动的脉络，有过观花经历的人对此肯定印象深刻。但要想清晰呈现其生动的脉络，还需要具备特殊的光照条件。因为像叶片、花瓣等植物局部多为半透明，只有在逆光照明下，叶片、花瓣被光线透射时，我们才能一窥其"经脉"之貌。而且由于叶瓣的脉络与叶肉具有不同密度，所以会呈现不同的影调效果，表现在画面上就是清晰的脉络走向。此外，要想使植物的脉络更加形象生动，可以找一个深暗的背景来衬托，以起到事半功倍的效果。

花叶 视觉中国 500px 供图

拍摄器材：索尼 NEX-6，100mm F2.8 微距镜头

拍摄数据：光圈 f/5.0，快门速度 1/13s，感光度 ISO200，手动白平衡

拍摄手记 黄金逆光下，选择仰视拍摄，以捕捉壁虎的身影和花叶的生动形态与质感。拍摄时避免出现声响，以免惊扰叶子上的壁虎。清晰聚焦叶子，虚化花朵和背景，以突出视觉中心，营造画面的层次效果。

（2）表现植物的形态样貌

逆光具有描画景物外部轮廓的能力，使用逆光来表现植物的美丽形态，更能使被摄对象与背景有效分离，这在暗深的背景下效果更加明显，可以得到层次丰富、主体突出、形象逼真且光影生动的画面效果。

公园里的月季花　视觉中国 500px 供图

拍摄器材：不详

拍摄数据：不详

拍摄手记　在花丛中去发现吸引人心的被摄对象，离不开拍摄角度的选择。黄金逆光的角度便于刻画花卉的外形轮廓和半透明的纹理质感。而且利用明暗对比，可将花卉主体置于浓绿色阴影背景上，以达到衬托的效果。最后利用景深虚化背景，并通过虚实对比进一步突出花卉主体。

（3）制造植物的剪影效果

剪影的主要目的在于突出被摄对象的轮廓线条，其突出、简洁的形象富有独特的视觉美感和艺术魅力。用逆光制造剪影效果也是摄影师拍摄植物时经常使用的手法，但这首先要确定被摄对象具有独特鲜明且可表现的外形特征，具备足够的视觉吸引力，否则很难达到想要的拍摄效果。为了突显植物的剪影效果，可以适当减少曝光量，使剪影更加纯粹。而且，在背景选择上要避免杂乱，力求简洁，以免影响主体剪影的视觉地位。

胡杨　张德海摄

拍摄器材：尼康 D800，24—70mm f/2.8 镜头

拍摄数据：光圈 f/14，快门速度 1/100s，感光度 ISO100，自动白平衡

拍摄手记　照片拍摄于 2018 年 10 月 1 日新疆伊吾胡杨林国家沙漠公园。为了刻画胡杨的"铮铮铁骨"，我特意选择在清晨日出之时拍摄，并选择逆光位。在拍摄现场，我选定一视线开阔的区域，确定被摄主体，并将地平线压低构图，把大面积的画面留给天空，以达到突显主体形态，营造简洁画面的效果。同时利用逆光营造主体的剪影效果。最后当太阳从地平线升起，天空泛红时按下快门。

5. 对比手法的运用

（1）冷与暖：视觉动感

在色彩心理学中，色彩具有偏冷或者偏暖的属性，会带给人不同的心理感受和视觉反应。通常来讲，青、蓝、紫倾向冷色调，红、橙、黄倾向暖色调，而绿色则是和谐色。在人的视觉反应中，偏冷的色彩有后退的视觉动势，偏暖的色彩有前进的视觉动势。所以，当暖色系的色彩和冷色系的色彩同时置于画面中时，就会产生强烈的视觉动感。利用这一现象，在拍摄植物时，我们就可以善用黄

田野上的蘑菇　视觉中国 500px 供图

拍摄器材：索尼 ILCE—7M3，FE 24—70mm F2.8 GM 镜头

拍摄数据：光圈 f/2.8，快门速度 1/160s，感光度 ISO2000，自动白平衡

拍摄手记　发现被摄对象，降低拍摄角度，以平视的视角刻画蘑菇的形态。然后，通过调整拍摄位置，为背景营造鲜明的冷暖对比效果——黄金光线的暖色调与天空光的冷色调交相辉映，但要注意将蘑菇置于冷色调的一边。如此就可以通过冷暖对比，让蘑菇看上去更加吸引人。

金光线，利用冷暖色调的对比效果，来生动画面，突显主体。同时也可将偏暖色调的植物，如花卉，置于偏冷色调的蓝天或者湖水等环境下，营造暖色前进、冷色后退的视觉感，以突出植物的视觉形象。

（2）色彩对比：屡试不爽

善用对比元素来突出植物主体，是非常有效的表现手法，如色彩对比。当画面中主体与陪体的色彩反差越大，主体就会越突出，这种对比手法无论用在何种类型的摄影中都屡试不爽。在实际拍摄中，我们可以利

绿色丛中的黄色花朵　视觉中国 500px 供图

拍摄器材：尼康 Z6

拍摄数据：光圈 f/5.0，快门速度 1/200s，感光度 ISO320，自动白平衡

拍摄手记　在取景时就胸有成竹，以"万绿丛中一点红"的视觉效果寻找被摄对象和构图效果。通过对景观的局部取景，将黄色花朵构置于黄金位置，同时利用绿色叶片的构置形成画面结构，营造一定的图案效果。而色彩对比则成为画面最大的趣味点——黄色花朵视觉效果突出，充满吸引力。

用被摄主体与环境的色彩饱和度对比来突出主体，如选择饱和度较低的背景衬托饱和度较高的艳丽花朵；或者采用互补色对比来突出植物主体，俗话说"万绿丛中一点红"，就是这个道理，将红色的植物置于绿色的环境中，就足以吸引观者的视线。

（3）明暗互衬：光影节奏

明暗对比在摄影表现中被经常使用，具有显著的视觉效果。在植物摄影中，利用明暗对比可以使画面形象生动、鲜明，画面空间富有节奏感和层次性，使主体得到突出。比如，就植物主体与背景的关系

针叶林晨色　视觉中国 500px 供图

拍摄器材：不详

拍摄数据：不详

拍摄手记　选择清晨日出之时拍摄针叶林景观，在角度上选择从林内向林外逆光拍摄，终于精彩捕捉到金色阳光射进丛林的现场效果。在选择拍摄角度的过程中，注意利用树木遮挡太阳，以减少眩光。同时注意营造"光洞"效果，并通过相对开阔的林间地面来呈现阳光普照的光影节奏，而两侧的树木则形成阴影结构以给画面带来反差。

而言，可以利用光线效果，将背景置于阴影中。或者选择影调深重的背景环境，来衬托前面的明亮主体，使主体得到突出。反之，可以选择明亮的背景来衬托影调较暗的植物主体，同样可以得到视觉突出的画面效果。

（4）虚虚实实：简洁与突出

　　虚实对比可以突出主体、简洁画面，对于画面意境的营造也具有显著效果。在拍摄大面积的植物景观时，不仅可以利用大景深清晰表现植物的壮观场面，像花海、草地等，也可将视角投之于花草树木之间，寻找富有视觉美感的局部细节拍摄，采用虚实对比的手法突显其画面的独特之处。如若在前景中加以不同色块的花卉衬托，则可以在虚化中衬托主体，烘托画面氛围，增加画面的装饰性。同样，在拍摄单株或数量较少的植物时，还可以运用虚实对比手法使画面形成鲜明的主次关系，这在突出主体、简洁画面、意境营造及凝聚观者视线等方面屡试不爽。

秋天的精神　视觉中国 500px 供图
拍摄器材：不详
拍摄数据：不详

拍摄手记 通过近距离拍摄，使用大光圈营造小景深以虚化背景环境，简洁画面。然后清晰聚焦画面主体，通过虚实对比以突出主体形态。一束光线恰到好处地将主体打亮，也刻画出了植物的立体形态和质感效果，并将其从背景中勾勒出来。

峨眉瀑布　苏鹏廷摄

拍摄器材：不详

拍摄数据：光圈 f/8，感光度 ISO400

拍摄手记 夏季拍摄瀑布是一个好选择，但直接对着瀑布拍会显得单一、无趣，因此我为瀑布寻找了合适的前景，以增加画面的内容和张力，其前景元素可以是河流、石头、植被、花卉等。因为瀑布大，前景的花小，所以适合用超广角靠近花朵拍摄，并使用景深预览功能实时查看画面的景深范围，确保前景到背景都是清晰的。拍摄丛林瀑布，清晨或傍晚时候的黄金光线（可以是侧逆光）是很好的选择。为了呈现瀑布的动态效果，我采用较低的快门速度虚化水流，并使其与前景花朵产生动静虚实的对比效果，使画面更加生动、真实。不过，现场的风可能会使前景的植被产生摇曳感，所以快门速度也不宜过低。

（5）疏可跑马，密不透风

疏密对比在摄影构图中被经常运用，同样也适用于植物摄影。在中国画中，有"疏可跑马，密不透风"一说，就是对疏密对比的极好形容。不管是拍摄成片的植物，还是三五成簇的植物，都要注意画面的疏密安排，防止画面景物叠加在一起，丧失节奏感和透气感。在拍摄植物的大场景时，要注意花卉间的高低错落，故而可通过拍摄角度或者虚实安排，使画面景物错落有致、疏密得当，以产生内在的空间感和秩序感。在具体安排中，画面的密集处要注意对象形态的多变性，避免拥塞；稀疏部分则要注意留白，由此可形成疏密对比之感。

红色的花海　视觉中国 500px 供图

拍摄器材：佳能 EOS 70D，EF 50mm f/1.8 II 镜头

拍摄数据：光圈 f/2.0，快门速度 1/640s，感光度 ISO100，自动白平衡

拍摄手记　选择黄金逆光拍摄，利用逆光勾勒花卉轮廓，突显其形态和色彩特征。使用小景深虚化背景和前景，以突出清晰的花丛部分，并营造画面层次。虚化的背景作为留白元素，与视觉主体产生疏密对比的效果。

6. 植物特写

在你想拍摄植物特写时，广角镜头夸张的透视效果可能会造成植物形象的畸变。所以，可以靠近或者拉近花卉拍摄的中长焦镜头就成为我们的首选。在实际拍摄中，场景中可能会出现一些杂乱的景物干扰画面，或者被摄对象离你太远，无法去近距离拍摄，就可使用长焦镜头拉近被摄对象，并用小景深虚化环境元素，进而得到主体突出的画面效果。但需要注意的是，长焦镜头因为对震动特别敏感，所以在拍摄时最好使用三脚架，如果相机和镜头有防抖功能，则要开启，以保证画面清晰。

红色郁金香　赖玉华摄

拍摄器材：佳能 EOS 60D，EF-S 55—250mm f/4—5.6 IS STM 镜头

拍摄数据：光圈 f/5.0，快门速度 1/160s，感光度 ISO250，自动白平衡

拍摄手记 选择在晴天的清晨或者傍晚时分拍摄，此时的光线柔和，色彩丰富。拍摄这张照片运用了虚实对比的手法，即通过近实远虚的对比，以及近大远小的空间透视，来体现画面的空间感，突出主体。要想达到画面中的这种虚化效果，可以选择长焦镜头或者微距镜头进行拍摄。

7. 大场景拍摄

广角镜头因为具有宽广的视角和较大的景深，非常适合用来表现大场景，尤其在拍摄花海、森林等大场景画面时，会是极佳的选择。广角镜头的大视角可以将花海的壮阔感尽收眼底。而在小光圈下形成的大景深范围则可以使画面中的每一株花卉都能够清晰呈现，非常具有感染力。

此外，广角镜头具有较强的视觉夸张力和透视效果，这在表现具有线条透视和空间过渡感的景物画面中，具有较强的表现力。此外，它还可以强化线条的汇聚效果，使画面的空间意境更加强烈。

薰衣草花田　视觉中国 500px 供图

拍摄器材：佳能 EOS 5D Mark III，EF 70—200mm f/2.8L IS II USM 镜头

拍摄数据：光圈 f/7.1，快门速度 1/50s，感光度 ISO100，自动白平衡

拍摄手记 采用宽画幅构图，利用画幅横向延展上的结构优势，较为全面地展现薰衣草花田的景观特征。广角镜头的宽广视角和夸张的透视效果，可以进一步增强花田中线条结构的表现张力。而侧逆光角度下的黄金光线，则通过明暗效果增强了花田线性结构的立体感，也使空间的氛围感更浓郁。

鲁冰花　于震摄

拍摄器材：尼康 D810，14—24mm f/2.8 镜头

拍摄数据：光圈 f/13.0，快门速度 1/320s，感光度 ISO400，自动白平衡

拍摄手记 美丽迷人的新西兰蒂卡普湖四周围绕着白雪皑皑的雪山，湖岸上盛开着鲁冰花，在黄金光线的照射下，色彩迷人。为了展现这一美丽的景象，我采用广角镜头将鲁冰花作为前景，并使其占据大部分的画面。照片通过广角镜头夸张的透视效果和宽广的视角，展现了鲁冰花丛的美丽色彩和排布特征，背景中的蒂卡普湖和山脉则起到画面层次过渡和衬托环境的作用。

8. 眩光现象的处理与运用

在逆光条件下拍摄植物时，画面中很容易产生眩光或者光斑。这是因为光线直射镜头时，在透镜间发生衍射所形成的。通常眩光的产生会影响画面的清晰度，不利于被摄主体的表现，所以很多摄影者会想尽各种办法来消除它。消除眩光的方法，前文已有赘述，此处仅重点介绍如何利用眩光来表现植物的独特美感。

眩光虽然有其问题，但运用得当，也可以为画面表现增光添彩。要营造出迷人的眩光效果，首先需要有照度较强的光源，同时要格外注意眩光在画面中的位置和大小，以不影响植物主体的形象特征或局部的精彩细节为前提。而且可以通过曝光处理，如有意通过曝光过度或不足来制造纯洁、干净像电影镜头般的画面感觉。如果光源过于强烈，可以利用植物的叶片、枝干，或者环境中其他景物来进行遮挡，以控制光源的大小和强度，制造出适合画面表现的眩光效果。

秋天森林里的树木　王梓澈摄

拍摄器材：不详

拍摄数据：不详

拍摄手记 在这张照片中，对画面中黄金光源的恰当处理是重点。拍摄时，通过左右走动寻找合理的拍摄角度，巧妙利用树木来遮挡太阳的耀目光线，从中寻找到恰当的眩光效果。尤其是对前景中树干的处理，以不影响其清晰形态为宜。

9. 背景的简化处理

（1）改变拍摄角度

要想得到突出的植物形象，背景的选择特别重要。试想，美丽的花卉主体被构置在一个杂乱无章的背景前，会有怎样的视觉效果。所以，选择背景以简洁、有效为第一目标。在实际拍摄中，我们可以通

鲁冰花　王宁摄

拍摄器材：尼康 D810，180mm f/2.8 镜头

拍摄数据：光圈 f/4.0，快门速度 1/400s，感光度 ISO100，手动白平衡

拍摄手记 清早去青岛奥帆中心拍摄完日出回来的路上，我发现广场花坛里的鲁冰花正在绽放。各种颜色的花簇就像一个个小宝塔，而恰到好处的侧逆光不仅把花瓣照得通透，还突显出其晶莹的轮廓。而作为背景的绿植，也让前景和背景形成明暗反差，更加突显出鲁冰花的美感。在花卉题材的拍摄中，应尽量使用中长焦大光圈镜头，以使背景虚化整洁。在实际拍摄中，寻找前景和背景光线明暗反差大的场合，以及逆光角度，可以很好地避免杂乱的背景，以拍出一张唯美的花卉题材照片。

过调整拍摄角度来选择合适的背景。如果植物四周没有理想的背景可供利用，我们可以尝试采取仰拍或者俯拍等方式，利用干净的蓝天或者绿地等环境来获得简洁的背景，以衬托主体。

尽管本页及上页的两张鲁冰花照片看上去都颇为精彩，但对比之下，我们依然可以感受到来自不同背景对画面的视觉影响。第一张照片的背景相比第二张来讲，更加具象且复杂，如若能进一步虚化，其效果或许会有所不同。

（2）虚化处理

在面对杂乱无章的拍摄环境时，植物主体很容易被湮没在混乱的背景中，此时，我们可以通过调整画面的景深大小来虚化

鲁冰花　陈川摄

拍摄器材：佳能 EOS 5D Mark IV，EF 100—400mm f/4.5—5.6L IS II USM 镜头

拍摄数据：光圈 f/5.6，快门速度 1/250s，感光度 ISO500，自动白平衡

拍摄手记　鲁冰花有着穗状花序，丰硕挺拔，花色也艳丽多彩。根据花的特点，我仔细观察挑选了一株开得特别好的花作为被摄主体。为更好地突出主体，方便构图，我选用了100—400mm长焦镜头。为表现花株的挺拔，我采用了竖构图的方式。根据主体色彩，则选择了简洁的背景画面。为让拍摄的鲁冰花明亮又柔和，通透又有质感，我选择了上午8点左右的光线，用侧光拍摄。这在背景的衬托下，很好地拍出了鲁冰花的层次感、立体感和纹理质感。另外，需要注意将背景花与主体花拉开一定距离，使背景虚化得更好。而且，因其花株较高，花朵较大，不能用太大的光圈，以免主体花朵有的部分拍摄不够清晰。

背景、清晰主体，以达到简洁背景、突出主体的目的。比如，我们可以通过开大光圈、缩小景深来达到简洁画面的目的。这时，一个拥有大光圈的镜头就变得非常实用。此外，我们还可以使用长焦镜头来虚

化背景，不过，这只限于植物四周有较好的视野，且前景中没有其他障碍物遮挡的情况下，否则，画面可能会因为拍摄距离的增加而使前景中的景物遮挡住镜头，无法实现正常拍摄。

大滨菊　章叶飞摄
拍摄器材：佳能 EOS 5D Mark IV，180mm 镜头
拍摄数据：光圈 f/4.5，快门速度 1/8000s，感光度 ISO100

拍摄手记 对于相对通透的花朵，选择逆光是一个较好的方法。拍摄时选择高挑又相对独立、造型较好的花朵，使用长焦微距镜头以较低的拍摄角度逆光仰拍。明亮的天空背景可以简洁画面，突显花卉。当然，逆光不能太过强烈，不然花朵容易过曝，以黄金光线为宜。同时，采用点测光对花托部分（光线相对暗的部位）进行测光和曝光。

微信扫码
☑ AI摄影助手
☑ 作者摄影讲堂
☑ 摄影灵感库
☑ 创意后期教程

（3）加用人工背景

在拍摄植物时，面对较为杂乱的背景，有些时候我们可以不用放弃原有的构图方式，如改变拍摄角度来实现画面的简洁。也或者不用为了虚化背景而开大光圈，因为在光线较弱的情况下，被摄主体可能会因为过小的景深而无法具备足够的清晰范围，为拍摄带来局限性。现在，我们有一个简单有效的方式，那就是在植物的背景上加置人工背景。当然，这可能更适合于体型较小的植物，如花卉，而且是在拍摄特写镜头时。我们可以自己制造一块表面简洁的纸板，或者麻布，或者其他什么东西，总之要方便携带，而且最好是白色或黑色的单色物体。同时，还要注意做好这些人工背景的防反光效果。

黑色背景上的玫瑰　视觉中国 500px 供图

拍摄器材：不详

拍摄数据：不详

拍摄手记　拍摄时为了简化画面，使用黑色吸光板为花卉作背景。在花卉的选择上，以形好、色好为基本要求，并恰当控制光线强度，以达到细致刻画的目的。明亮艳丽的花朵在黑色背景下看上去格外明艳动人。

10. 影调之于植物

(1)高调衬托植物的纯净气质

亮色具有一种简洁、干净的感觉，使用亮色调拍摄植物，能够营造高调效果，并展现出植物清新、纯净的气质，给人一种美好的视觉想象。要营造高调效果，首先要选择明亮的背景来衬托主体，这可以是明亮的天空、雪地、白色的人工背景（浅色的布、白色的纸等）、波光粼粼的水面等，并使用较大的光圈来虚化背景以突出主体。为了保证画面的亮色调，在曝光上可以适当曝光过度或者作曝光正补偿，使画面更加明亮，高调效果更加显著。如果植物主体过于暗淡，则要尝试对其进行补光，使其具有明亮的形象、鲜明的细节和明丽的色彩。

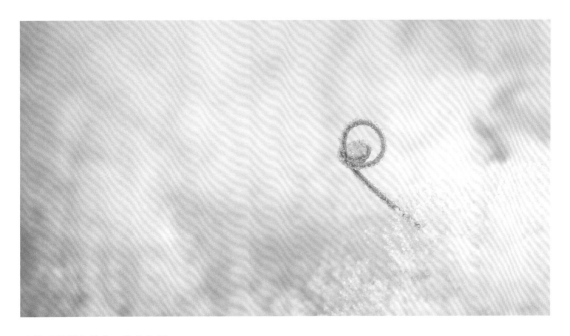

雪地里的绿色植物　张林阳摄

拍摄器材：佳能 EOS R6

拍摄数据：快门速度 1/320s，感光度 ISO100，自动白平衡

拍摄手记　冬天万物萧条，户外可拍摄的大景题材比较少。恰逢一场大雪过后的清晨，我决定用微距镜头拍摄一些小环境下充满活力的植物题材照片。我来到一块空地，仔细观察后发现了一株绿色的植物触角正伸出雪地，在晨阳温暖的阳光照射下，充满了生机。我合理构图，利用雪地营造高调画面效果，突显绿色植株。

（2）低调衬托植物的神秘气质

暗色具有一种神秘、内敛的感觉，使用暗色调拍摄植物，可营造低调效果，展现植物不同以往的神秘气质，给人以独特、鲜明的视觉印象。要想营造低调效果，背景环境的选择非常重要，我们可以选择以下方式来制造深色背景效果：

选择花卉与背景反差强烈的环境，如前景处于阳光中，背景处于阴影中的画面；用点测光对前景最亮的主体部分进行测光拍摄，可以更好地压暗背景；使用人工背景，如黑色的布或者纸来遮挡以形成背景；适当减少曝光，可进行曝光负补偿，使画面影调更加深沉，还可以让植物的色彩更加浓郁，尤其是色彩艳丽的花卉，但要注意保证被摄主体的细节表现，防止曝光不足。

小雏菊　周昆摄

拍摄器材：佳能 EOS 5D Mark III，EF 100mm f/2.8L Macro IS USM 镜头

拍摄数据：光圈 f/2.8，快门速度 1/200s，感光度 ISO200，自动白平衡

拍摄手记 为花卉选择深色背景，并注意控制光比效果，利用花卉的阴影来增加背景的暗度，同时可使被照亮的花卉看上去更加突显。在这种反差中，画面的低调氛围彰显，主体的形态和色彩得到生动展现。在构图时，为画面置入留白区域，以对比形态密集的雏菊，营造视觉上的协调感。

11. 和谐关系：主体与陪体

一般来讲，在一幅画面中只能有一个视觉中心，也就是只能有一个主体，画面中的其他元素主要起到烘托、突出主体的作用，也就是扮演陪体的角色。在画面构图中，那些无法起到衬托作用的景物元素就要被剔除到画面以外，这也就是简洁画面的过程。只有主体与陪体关系和谐，画面才会具有清晰的表达和鲜明的画面美感。

（1）主体、陪体的关系处理

在主体与陪体的处理上，主体显然是

山中的番红花　视觉中国 500px 供图

拍摄器材：佳能 EOS 5D Mark IV，50mm 镜头

拍摄数据：光圈 f/1.4，快门速度 1/3200s，感光度 ISO100，自动白平衡

拍摄手记 以贴近地面的角度清晰聚焦番红花，同时以小景深强烈虚化背景和前景元素。在主次安排上，将 3 朵番红花作为主体构置在画面的黄金位置，同时作为陪体的番红花则构置在边缘位置，并形成视觉均衡的效果。

画面构图和表现的重点，所以其所处的画面位置要鲜明、突出，一般会将其置于画面的视觉中心点或趣味点上。比如，黄金分割位置。此外，在光线安排上也要注意能有效突出主体的质感、形态、色彩等特征，以吸引观者视线。而用来补充和衬托主体的陪体，主要用以丰富画面。所以，主体形象应该完整、清晰，而陪体则可以虚化、残缺；主体应该以正面表现为主，陪体则应以侧面或背面表现为主。

在植物摄影中，有些植物，如花卉，因为其美丽的色彩和形象而常常成为画面

三圣荷塘　陈石摄

拍摄器材：佳能 EOS 5D Mark III，EF 70—200mm f/2.8L IS II USM 镜头

拍摄数据：光圈 f/4.0，快门速度 1/400s，感光度 ISO100，自动白平衡

拍摄手记 清晰聚焦视觉主体。构图时将陪体置于主体的右下方，并通过景深控制作虚化处理，以虚实对比的效果展现主次关系。当然，作为视觉中心的荷花与莲蓬，也在大小、色彩等方面的差异处理下，展现出一种协调的主次关系，即荷花成为真正的趣味中心，而莲蓬则起到了协调与衬托之效。

的表现主体，而枝叶则多起到衬托作用，也就是俗语说的"红花还需绿叶衬"，非常形象。如果我们是去拍摄花卉，既要选择造型别致、形态优美的花朵，又要注意对枝叶的位置和数量等进行处理，防止其影响花卉形象的表现，甚至喧宾夺主。如拍摄荷花，花朵、花蕾、莲蓬、荷叶等都可置入画面，但主体通常都是花朵，而花蕾、莲蓬次之，荷叶多作衬托之用，使画面更丰满，环境感更真实。

（2）重要参考

在营造主陪体的和谐关系上，还有以下几种方式可供参考：当被摄对象为同一类景物时，可以尝试打破这种单一格局，加入富有变化的因素，共同成为画面的兴趣中心；利用景物的线条引导观者的视线将其集中于被摄主体上，强化主体的视觉中心地位；在疏密对比强烈的画面中，主体往往被安排在疏朗之处；在明暗对比鲜明的画面中，明亮的实体或面积较小的物体往往会被作为主体呈现；在虚实对比强烈的画面中，实者往往是主体，虚者往往是陪体。

红色的花　视觉中国 500px 供图

拍摄器材：不详

拍摄数据：不详

拍摄手记 选择一株独立的花卉为主体，并用前景遮挡地面上相对复杂的花株，使画面元素变得简洁。同时小景深虚化背景和前景，衬托色彩艳丽的花朵，以达到主体突显的效果。线状花茎起到了引导观者视线的作用，进一步强化花朵的主体地位。

12. 植物摄影的构图手法

（1）散点构图

在植物拍摄中，散点构图能够将植物内在的韵律感鲜明地表现出来，尤其是在拍摄个体差异较小的植物时，如花团锦簇、密度较大的浮萍或树木，采用这种俯拍且开放的散点构图，能将其结构美感充分表现出来。

通常来讲，采用散点构图要注意拍摄角度的选择，而最理想的角度往往是垂直于被摄主体的高角度俯拍。这可以将被摄对象的韵律感和秩序感以更强的重复结构的形式呈现出来。需要注意的是，要避免画面过度的透视变形。

粉红色的菊花　视觉中国 500px 供图

拍摄器材：索尼 ILCE-6000，E PZ 16—50mm f/3.5—5.6 OSS 镜头

拍摄数据：光圈 f/6.3，快门速度 1/100s，感光度 ISO100，自动白平衡

> **拍摄手记**　俯视拍摄，局部取景，散点式构图，共同展现出花团锦簇的形式效果。柔和的散射光照明，很适合刻画花卉的结构细节和色彩效果。

（2）中心构图便于汇聚观者视线

　　中心构图具有汇聚观者视线的作用，尤其是在拍摄那种花瓣多且长的正面花朵时更加有效。即使是有多层花瓣的重叠式花朵，中心构图也能够实现将观者的注意力集中到花卉主体上来的效果。一方面是因为花朵结构多呈现同心圆式的中心发散或过渡形态，此种富有秩序感的结构形态很容易吸引观者的目光；另一方面是花卉被构置于画面的中心位置，使其形象更加

乔治娜花　视觉中国 500px 供图

拍摄器材：不详

拍摄数据：不详

　　拍摄手记 采用方画幅构图拍摄花卉特写，将花卉构置于画面的中间位置，形成中心构图的效果，而其左右均衡的形式则突显出花卉的结构美感。同时侧光照明刻画出了花卉的立体形态，并使色彩趋于饱满，赋予其更加生动的明暗细节和色彩吸引。虚化背景并使其处于阴影之中，以加强与花卉主体的对比感，发挥出更鲜明的衬托作用。

显眼。不过需要注意的是，采用中心构图一般较适合拍摄花卉大特写，即花卉充满整个画面的形式，否则，花卉主体占据画面空间的比例若太小，就会出现中心构图的视觉弊端——呆板感。

（3）斜线构图制造韵律感

在公园或者花圃中拍摄植物时，一般会比较容易发现排列整齐的树木、花卉等。拍摄这样的植物，在构图安排上要特别注意，如果按照常规的横平竖直的构图角度拍摄，虽然在一定程度上也可以表现出画面的纵深感，但视觉效果上则容易缺乏新意。此时，不妨换个观察角度，从侧面去拍摄，用植物形成的线条来形成斜线构图，不仅可以在相同的取景画面中纳入更多景

白色的芦苇花　视觉中国 500px 供图

拍摄器材：索尼 ILCE-7RM2，DT 70—200mm F4 SAM 镜头

拍摄数据：光圈 f/8.0，快门速度 1/125s，感光度 ISO100，自动白平衡

拍摄手记　芦苇随风飘动的形态具有一定的形式特征和律动感，因此在黄金光线下聚焦芦苇形态，捕捉其被风吹拂的斜线状态，最终形成斜线的构图效果。要注意从低角度仰视拍摄，借助干净的天空作为衬托，简化画面。

物，还能使画面具有更强烈的韵律感，富有新意。

此外，像花卉这样的被摄对象，其花朵可能不止一个品种或一种色彩，所以要注意区分画面的主次，巧妙利用花卉的形态、色彩和线条来对比画面,强化视觉主体，以达到和谐有序的画面效果。

（4）对角线构图表现植物的活力感

对角线在画面中具有分割画面空间、营造动感活力的效果，所以，在植物摄影的构图中，利用对角线构图可以充分表现植物的生命活力及其生动的美感。此外，对角线构图还可以有效避免画面的杂乱无序之感，帮助摄影师简洁画面，使画面形

盛开的梅花　沈洵摄

拍摄器材：索尼 ILCE-7M2，适马 24—70mm F2.8 DG DN | Art 019 镜头

拍摄数据：光圈 f/2.8，快门速度 1/1000s，感光度 ISO100，自动白平衡

拍摄手记　照片拍摄于春天的南京明孝陵梅花山。为了获取明亮干净的背景，选择了一个晴好天气。拍摄时尽量选择干净的背景，且尽可能虚化背景，以突显出所要表现的主体。构图忌方正、死板，宜灵动，因此利用梅花枝条的线条特征，形成对角线构图，来表现春梅的勃勃生机。

成富有秩序且主次分明的画面效果。尤其是在拍摄枝干线条明显的植物时，我们可以通过仰拍或者平拍角度，利用植物的枝干或茎叶作为构图主线，以天空为背景，营造简洁鲜明的对角线构图。此外，仰拍的视角还容易获得植物高大的视觉形象，加之富有动感活力的对角线构图，会使画面张力感十足。

（5）曲线构图表现植物的柔美感

曲线具有鲜明的动感特征，且其柔美性非常适合表现某些植物的气质美感，如花卉。所以在花卉摄影中，我们可以充分运用画面中的曲线来帮助构图，在形成画面美感的同时，彰显花卉的柔美内涵。比如，在拍摄具有鲜明曲线特征的藤蔓或者花茎时，我们就可以有效运用曲线构图来

茶园与樱花园　侯凌摄

拍摄器材：索尼 ILCE-7RM2，DT 70—200mm F4 SAM 镜头

拍摄数据：光圈 f/5.0，快门速度 1/40s，感光度 ISO100，自动白平衡

拍摄手记 在现场，一片茶园正好被樱花包围，唯美的画面令人心动。我立即用无人机升空拍摄，利用樱花与茶园交接的边缘线分割画面，以形成曲线构图的效果，同时将茶园中的一座风车建筑作为点元素点缀画面，由此形成点、线、面构图，别有一番韵味。

生动画面。在拍摄大面积的花卉场面时，我们可以寻找富有曲线特征的场景局部来拍摄，以制造曲线构图的画面效果。

（6）垂直线构图表现植物的生命力

垂直线在画面中蕴含着稳固、向上的寓意，应用在植物摄影中，则往往预示着顽强向上的生命力。因为植物大多呈现竖向形态，所以特别适合于垂直线构图。它不仅可以表现植物更加丰富和生动的画面细节，而且更容易形成一种空间上的挺立感，使植物的生命特质更增添了几分庄严和刚强。在构图时，也可通过对不同植物的有趣排列形成远近大小的错落感，从而

增加画面的形式感和趣味性。

（7）仰视拍摄塑造植物的高大形象

我们在平时观看一些较为矮小的植物时大多是俯视，如花草，所以若再用俯视角度拍摄，在视角上可能会缺乏新意。此时，我们不妨换种姿势，直接与大地来个亲密接触，趴在地上用仰视的角度来拍摄花草，看看会有怎样的视觉惊喜。这时花草的形象被高大化了，如果再使用广角镜头拍摄，那么这种高大的形象还会更加夸张，让人眼前一亮。而且，采用仰视拍摄还有诸多优点，如可以有干净的天空作为背景，使画面更加简洁；黄金光线产生的逆光效果还可以将花草半透明的质感表现得更加淋漓尽致。此外，为了使天空和花朵的色彩更加浓烈，可以在镜头上加用偏振镜，使天空更蓝、花朵更艳、画面更纯净。

特写白花星斗　视觉中国 500px 供图

拍摄器材：尼康 D700，105mm f/2.8 镜头

拍摄数据：光圈 f/2.8，快门速度 1/100s，感光度 ISO200，自动白平衡

拍摄手记 采用竖幅构图展现花卉竖长的形态和洁白的花朵。小景深强烈虚化花卉的背景和前景，以营造鲜明的虚实对比效果。利用花卉的线条形成垂直线构图，展现花卉瘦长、清新的形貌。

虞美人特写　段素元摄

拍摄器材：索尼 DSC-RX100M5，24—70mm f/1.8—2.8 镜头

拍摄数据：光圈 f/6.3，快门速度 1/500s，感光度 ISO100，自动白平衡

拍摄手记　拍摄这张照片是在春日清晨 8 点多钟。当时面对一大片虞美人，如何
观察取景是关键。太阳还在地平线附近，金色的光线氛围柔美诱人，于是我决定
低角度逆光拍摄，以天空为背景，反复观察被摄主体，选取了 4 株分别处于不同
生长阶段的花朵，以表达"生命周期"（生老病死）这一主题。拍摄时用点测光
加两挡曝光补偿，通过简单后期最终得到这张照片。

　　拍摄这类题材宜用逆光来营造轮廓光，从而更加精彩地表现花朵的通透感。
拍摄时间宜为清晨的黄金时间，这时的光线较为柔和，可使花朵看起来柔美却更
有生命力。将相机置于地面仰视拍摄，加之广角镜头夸张的透视效果，可以让花
卉看上去高大异常，视觉形象也备受瞩目。只是拍摄设备最好自带翻转屏，否则
取景观察会非常不方便。

（四）飞鸟

1. 如何找到鸟儿？靠近鸟儿？

要想拍到鸟，首先得找到鸟，要想找到鸟并非易事，但也有一定的规律可循。

首先，要具备一定的鸟类知识，很多资深的拍鸟摄影师几乎就是半个动物专家。我们要熟悉鸟类的生活习性和活动路线，具有越丰富的鸟类知识，拍鸟的成功率就会越高。

其次，摄影人要拥有一套精良的鸟类摄影设备，才能在找到鸟儿后，更好更容易地拍到鸟。但最重要的还是要有一颗热爱大自然的心，要爱鸟、护鸟，这是我们从事拍鸟活动的前提。否则，你就难以真正不畏辛劳地去发现鸟儿，然后充满爱意地拍摄鸟儿。

最后，要想靠近鸟，首先要懂得尊重鸟儿，学会与鸟类交朋友，只有相互认可了，才有可能近距离接触到它。我们要懂得顺其自然，不可强求。当你靠近时，若发现鸟儿感到不安，一定要就此止步，一直等到它们觉得不再有危险,状态放松后,再一点点靠近。

三脚架上装有拍鸟必备的超长焦镜头的专业相机。

有时候这是一个极其缓慢的过程，在靠近过程中你可以保持拍摄状态，以防止中途因为鸟儿突然飞走而失去获得影像的机会。就这样由远及近，拍拍停停，直到自己满意为止。

一般来说，野鸟在发情期和繁殖期时，活动范围比较固定，在觅食、洗澡和梳理羽毛的时候都比较专注，而掌握这些规律，就能很好地靠近鸟。不过，当你完成拍摄后，不可粗鲁地驱赶鸟儿，尽量不要去打扰它们，要悄悄撤离，这是摄影人该有的礼貌。

2. 拍鸟不是单纯的摄影活动

拍摄野鸟，要遵守道德规范，不要为了拍鸟而伤害鸟，尽量减少对野生鸟类的惊扰。在鸟类育雏期间，必须避免干扰亲近鸟的行为。在鸟类孵化期间，千万不可为了拍摄孵化过程而对鸟窝做手脚，也不要在鸟窝周围留下人为的痕迹，因为鸟儿非常敏感，对很多细微的变化都能够觉察到，这可能会延迟幼鸟的孵化过程。此外，拍摄时尽量使用长焦镜头或者超长焦镜头，以减少对鸟类的惊吓，并且见好就收，不要长时间不停地拍摄，避免将鸟类置于长时间的惊恐之中。更不可为了拍摄鸟类的飞翔，而采用投石块、放鞭炮等人为干预行为。

3. 善用黄金光线

黄金光线因为照射角度较低，光比反差

年轻的摄影师在红木森林里拍摄野鸟，此时正是清晨的黄金时段，靠近树木隐藏自己是常用的方式。

摄影师通过迷彩装备伪装自己，在湿地河滩用超长焦镜头拍摄水鸟。

较小，且具有鲜明的色彩感和方向性而被广大拍鸟爱好者所喜爱。尤其是这种光线的色彩，可以为画面带来较强的渲染效果。在黄金光线下拍摄，通常需要依据环境特点和光线所具有的感染力选择不同的景别。比如，在硬质黄金光下，可以拍摄鸟儿的特写，而在像朝霞、晚霞等软质黄金光条件下，就适合拍摄大场景，利用环境和光线衬托鸟儿的形态，渲染环境气氛，使画面更富有艺术感染力。

4. 日出、日落与剪影

在鸟类摄影中，逆光一般会被摄影师尽量避免，因为它的曝光较难控制，而且拍摄出来的鸟比较灰暗。不过有一种情况是让拍鸟者欲罢不能的，那就是拍摄日出、日落下的鸟类剪影。日出、日落下的光线效果能生动表现出鸟类的外形和轮廓，在极富感染力和视觉冲击力的明亮背景下，鸟的形象得到突出。此外，日出、日落下的水面环境，也是拍摄的较佳背景。拍摄时以环境曝光为准，不需要为鸟类进行曝光补偿，但注意鸟的线条与环境线条要优美流畅。在拍摄鸟群时，还需尽量避免重叠，否则鸟的形象容易被混淆，画面会显得杂乱无章，破坏画面的美感。

夕阳下的黑脸琵鹭　杨卫斌摄

拍摄器材：佳能 EOS 5D Mark IV，EF 600mm f/4L IS II USM 镜头

拍摄数据：光圈 f/4.0，快门速度 1/500s，感光度 ISO640，自动白平衡

拍摄手记　这张照片拍摄于东台条子泥湿地。每年 10 到 11 月份，黑脸琵鹭过境江苏，喜欢聚在浅水域活动。这种鸟类到了傍晚涨潮时一般会自然地依次起飞，前往海边觅食。拍摄时，观察它们的飞行线路，使用长焦镜头（佳能 600mm 镜头）在其飞过太阳和芦苇时抓拍。

日落时湖中的西伯利亚鹤　视觉中国 500px 供图

拍摄器材：佳能 EOS-1D X Mark II，EF 600mm f/4L IS II USM 镜头

拍摄数据：光圈 f/4.5，快门速度 1/1250s，感光度 ISO400，自动白平衡

拍摄手记 日落时的金色光线将天空和水面都渲染成明亮的金色，此时拍摄不仅可以获得精彩的光色氛围，也可以为鹤群提供生动的照明效果。尤其选择逆光下拍摄时，可以获得轮廓光效，使飞跃的鹤身得到淋漓尽致的表现。

5. 倒影

倒影对于营造画面意境、衬托主体形象、引导画面情绪，都有着显著的渲染效果。在拍鸟时，要对倒影善加运用。在野外，倒影一般多出现于水面、冰面等具有反光性质的景物中，所以在这种环境下拍摄，要善于观察，利用倒影并处理好倒影。在拍摄中，鸟儿自身的倒影在画面中是非常重要的元素，拍摄时要尽量将倒影完整地置入画框中，甚至可以将倒影作为表现的主体。不过，此时

依恋 由美燕摄

拍摄器材：佳能 EOS-1D X，EF 70—200mm f/2.8L IS II USM 镜头

拍摄数据：光圈 f/8.0，快门速度 1/800s，感光度 ISO800

拍摄手记 雪后，夕阳西下，平静的水面被暖光映照成金黄色，袅袅薄雾轻轻飘起。一对正在卿卿我我的天鹅在这温暖的光晕里秀着它们独有的爱，身边水面上也倒映着它们爱的身影。为突出主体，我采用趴卧机位拍摄，并用平视的视角，来突出它们和周围环境的关系。后期我还拉高了色温，以温暖的氛围烘托这爱的暖意。

周围环境也会产生倒影，为了烘托画面、表达意境，要仔细观察、合理构图，将多余的元素去除，而选择富有特点和趣味性的倒影元素来使画面更具美感，但要防止环境倒影喧宾夺主，破坏画面。此外，倒影的形态与水面等反射面的平整状态很重要，如拍摄水面倒影时，就要注意风对水面的影响，要根据水面的平静状态等因素来决定拍摄角度和构图方式。

6. 鸟羽

（1）刻画质感

鸟类除了其优美的身姿和外形外，羽毛也是其极具个性和美感的存在，而表现栩栩如生的羽毛质感也是摄影师的一大目标。鸟的种类很多，不同鸟的羽毛具有不同的质感、色彩，如金属质感、丝绸质感、树皮质感、绒毛质感等。要逼真地表现鸟羽的质感，在拍摄技术上最主要的是保证影像清晰，并合理用光。

你可以尽可能地接近拍摄体，距离越近，鸟儿在画面中所占比例越大，影像就越容易清晰。此外，可以使用具有防抖功能的长焦镜头，并使用三脚架拍摄，以确保影像清晰。

在条件允许的情况下，要尽量使用较小的光圈以保证画面有较大的清晰范围，突显鸟的羽毛质感。当然，最重要的还是要聚焦准确。

在光线条件上，侧光和侧逆光最能够表现出羽毛的质感纹理，而拍摄有金属光泽的鸟类时，顺光效果则最好。

静　刘波摄

拍摄器材：佳能 EOS 5D Mark II

拍摄数据：光圈 f/3.2，快门速度 1/160s，感光度 ISO125，自动白平衡

拍摄手记 一只鸟在树干上小憩，只要隐藏好自己，就可以尽量靠近，使用长焦镜头对其进行特写拍摄。透过枝叶的阳光洒在鸟身上，此时要注意选择光线与鸟巧妙结合的瞬间拍摄，以生动刻画鸟的羽毛质感。同时注意观察鸟背后的环境，其明暗关系可以与鸟产生相互衬托的效果。

（2）表现色彩

　　鸟类之美在于羽，羽毛之美在于色，这形象地说明了羽毛色彩给鸟类带来的视觉魅力。要想生动表现鸟羽的色彩，需要在用光和反差对比上下功夫。在自然光条件下，软质黄金光可以柔和地表现出鸟类羽毛的色彩细腻层次和栩栩如生之感。但因为软质黄金光线相比硬质黄金光来的柔和、暗淡，所以色彩明亮度和饱和度往往不够，适合色彩变化不是特别丰富的鸟类。硬质黄金光的侧光和侧逆光，可以在很好地刻画鸟类羽毛质感的同时，对羽毛色彩也表现到位。在侧逆光

羽毛特写　视觉中国 500px 供图

拍摄器材：佳能 EOS-1D X，EF 100—400mm f/4.5—5.6L IS USM 镜头

拍摄数据：光圈 f/5.6，快门速度 1/800s，感光度 ISO800

　　拍摄手记　注意观察鸟羽的局部，通过截取富有抽象美感的局部细节进行表现，以达到趣味表达的目的。为了局部细节的细腻呈现，选择柔光作用下的鸟羽局部，并合理控制曝光，确保鸟羽的结构、细节和色彩都有精彩呈现。

条件下，羽毛的色彩具有鲜明的明暗变化，且富有体积感，因此硬质黄金光的侧逆光比较适合色彩相对单一的鸟类。相对于侧逆光，顺光则最能表现鸟类羽毛艳丽、饱和的色彩感，只是因为缺少明暗变化，使得鸟类羽毛的体积感表现不足，故而更适合羽毛色彩丰富而亮丽的鸟类。此外，注意环境色彩与鸟类羽毛色彩的对比和协调，这也是突出鸟类羽毛色彩的重要手段，如利用绿色的背景衬托鸟类红红的羽毛。

金刚鹦鹉羽毛的特写　视觉中国 500px 供图

拍摄器材：尼康 D610，70—200 mm f/2.8 镜头

拍摄数据：光圈 f/5.6，快门速度 1/400s，感光度 ISO1250，自动白平衡

拍摄手记 选取金刚鹦鹉最具色彩魅力的身体局部进行拍摄，同时对局部的结构样貌进行有趣的表达，以激发观者的联想力。柔光照明更生动地展现了鹦鹉羽毛的色彩和细节，而被虚化的绿色环境，则赋予金刚鹦鹉以真实的生活空间。

7. 亲情瞬间

在拍鸟过程中，很多摄影师把精力用于拍摄鸟类的飞翔、争斗、捕食等动感画面，而最具情绪感染力的亲情瞬间，却被忽略了。拍摄鸟类亲情的照片，最佳时机是在鸟类的繁殖季节。此时，雄鸟和雌鸟之间"卿卿我我"、相互依偎、相互梳理羽毛、筑巢孵卵、哺育幼鸟、幼鸟与成鸟间的亲昵依赖等场景均是较佳的拍摄机会。要捕捉感动人心的鸟类亲情瞬间，需要摄影师有一颗热爱生灵的

私语　由美燕摄

拍摄器材：佳能 EOS-1D X，EF 70—200mm f/2.8L IS II USM 镜头

拍摄数据：光圈 f/8.0，快门速度 1/2500s，感光度 ISO640

拍摄手记　零下 22℃的伊犁河谷，太阳刚刚升起，水面上大雾弥漫，远处的灌木丛中挂满了洁白如雪的雾凇，绚丽的朝阳把雾凇和大雾染成了一个金色的童话世界。朦胧缥缈中，一对若初恋般的亚成天鹅，依偎在这份柔美的安静里，仿佛这个世界里只有它们自己。为突显环境氛围，我设置了小光圈，并提高 1/3 挡曝光，以保证主体清晰可见，画面光色氛围真实又唯美。

心，并用人性化的眼光去观察、捕捉它们，将其看成是我们的朋友、伙伴，把我们的感情融入其中，如此才能够拍摄出无比温馨的亲情照片。

抚育　李沙泓摄

拍摄器材：佳能 EOS-1D X Mark II，EF 600mm F4L IS II USM 镜头

拍摄数据：光圈 f/6.3，快门速度 1/800s，感光度 ISO800

拍摄手记　育雏是所有动物彰显慈爱最具特点的时段。为了不干扰它们，我采用 600mm 长焦镜头拍摄。这张须浮鸥妈妈叼鱼喂养宝宝的图片拍摄于清晨，阳光从镜头正面射入，鸟儿的身体边缘散发出迷人的轮廓光。为清晰表达主题，我调高了 1/3 挡曝光补偿；为保留浓郁的暖调氛围并突显嫩绿的叶，后期调整时又提高了色温。加上焦外映射的光斑，共同表达出一幅温暖与希望并存的爱之画面。

8. 拍摄角度

鸟儿除了在地面上，一般就是在空中或者树木上，所以，我们的拍摄角度可以大致被分为俯视拍摄、平视拍摄和仰视拍摄三种。这三种拍摄角度使用基本色温就可以为我们的画面表现带来多样的视觉效果，拍摄时可以根据实际环境来选择。

一般来讲，平视效果可以较全面地展示鸟类的形象特征，以达到平实近人的稳重效果，是比较理想的角度，一般在水鸟的拍摄中应用较多。而拍摄林鸟和猛禽类的鸟时一般较多使用仰视拍摄，所以鸟儿的腹部羽毛多被清晰表现，这也要求通过选择鸟儿的生动姿态和情感形象来弥补个中不足，并注意

仰　视

栗苇鳽　杨卫斌摄

拍摄器材：佳能 EOS-1D X Mark II，EF 600mm f/4L IS II USM 镜头

拍摄数据：光圈 f/13，快门速度 1/2000s，感光度 ISO200

拍摄手记 这张照片拍摄于江苏南京江北六合。临近太阳落山的时间，鸟儿结束觅食，飞离芦苇荡。此时使用长焦镜头（佳能 600mm 镜头）仰视拍摄，在鸟儿飞过太阳和芦苇或树冠时进行抓拍。

简洁画面元素。俯拍大多出现在居高临下的峡谷、高山等环境中，这种角度可以完整展现鸟类背部的美丽羽毛，但也有与环境相重叠的风险，因为有些鸟类的羽色与环境非常接近，这就需要依靠背景的选择来反衬主体。

平　视

摔鱼　李沙泓摄

拍摄器材：佳能 EOS-1D X Mark II

拍摄数据：光圈 f/5.0，快门速度 1/320s，感光度 ISO800

拍摄手记　鸟儿的捕食瞬间，是拍摄鸟类生活习性的一个重要内容。傍晚时分，芦苇荡前，这只冠鱼狗从水中捉到了一条被水草缠绕的小鱼。吞食之前，把小鱼摔晕是它们的习性。我采用侧逆光机位、平视拍摄，并设置了较高的快门速度以清晰凝固动态元素，并增加 2/3 挡曝光补偿，意在将小鸟摔鱼时溅出的水珠凝固成一道道拉丝的水线，增强画面的动感效果。

俯 视

在天愿作比翼鸟　袁顺华摄

拍摄器材：佳能 EOS 5D Mark II，EF 70—200mm f/2.8L IS II USM 镜头

拍摄数据：光圈 f/8.0，快门速度 1/180s，感光度 ISO100

拍摄手记　照片拍摄于新西兰北岛的穆里怀沙滩，这里是经典电影《钢琴课》的拍摄地。我们自驾至穆里怀沙滩鸟岛边的山坡上，所以能采用俯视的角度拍摄，这也有利于抓取飞鸟的各种姿态。当时接近黄昏，光线比较理想，有成百上千只信天翁自鸟岛上飞出，掠过沙滩和海面，甚为壮观。我采用连拍加追拍的方式，成功抓拍到了两只信天翁比翼掠过海滩的镜头，实属幸运。

9. 凝固瞬间

（1）高速快门凝固精彩瞬间

当我们想凝固鸟儿起飞或者降落时的精彩画面时，可以使用 1/1000s 以上的快门速度，但要求现场有充足的光线，如果达不到快门要求，可以提高感光度 ISO 至 400 甚至更高，但要确保画质不出现粗糙的颗粒和噪点为佳。此外，还可以配合光圈，如将光圈开大来增加进入镜头的光线量，但要注意其对景深的影响，因为过大的光圈可能会影响到主体的清晰度，所以要慎重为之。

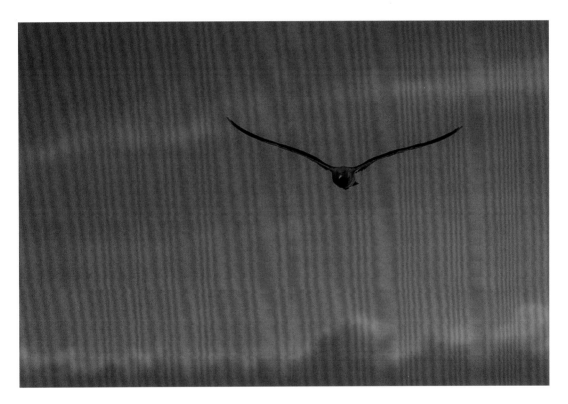

飞翔的黑背鸥　视觉中国 500px 供图

拍摄器材：佳能 EOS-1D Mark IV，EF 300mm f/4L IS USM +1.4X 镜头

拍摄数据：光圈 f/5.6，快门速度 1/500s，感光度 ISO0400

拍摄手记　清晰聚焦飞翔而来的黑背鸥，采用高速快门清晰凝固其展翅飞翔的姿态。霞光漫天的背景为黑背鸥提供了精彩的环境渲染，使其看上去充满了神秘的野性气息。

（2）追随拍摄

　　在拍摄飞翔的鸟儿时，特别适合使用追随拍摄的手法来凝固主体、虚化背景，制造强烈的动感效果。追随拍摄根据快门速度的高低可以呈现多种效果，大致可以分为两种。一种是使用较高的快门速度追随拍摄，一般在1/500s以上，可以清晰凝固主体，甚至背景，使画面产生时间静止的感觉；另一种是采用较低的快门速度追随拍摄，一般在1/200s以下，以使背景虚化，甚至运动主体的局部也在虚化范围中，从而产生强烈的动感效果。

　　在追随拍摄时，确保聚焦准确非常重要，所以适合使用人工智能自动对焦模式。在追随拍摄时，相机要与鸟儿保持匀速同向运动，直到快门按下之后才能停止。

鱼鹰　视觉中国 500px 供图

拍摄器材：尼康 D850，AF-S Nikkor 600mm f/4E FL ED VR 镜头

拍摄数据：光圈 f/5.0，快门速度 1/2500s，感光度 ISO500

　　拍摄手记　面对快速飞行的鱼鹰，采用追随拍摄的方式，设置高速快门和连拍模式，捕捉其清晰精彩的飞翔瞬间。为了获得更加生动的背景虚化效果，在采用长焦镜头之余，设置了较大的光圈。但为了确保飞鹰形态的清晰，光圈不宜太大，以 f/4.5—f/5.6 为佳。

比翼双飞　袁习金摄

拍摄器材：不详

拍摄数据：不详

拍摄手记 在水面上奔跑起飞的天鹅，其动态感相比飞翔更具视觉冲击力。使用追随拍摄方式，设置较低的快门速度，虚化天鹅的部分动态，并虚化背景，以营造强烈的动感氛围。

10. 善用线条

（1）生动画面

在鸟类的生活环境中，常常会有各种线条出现，如河岸线、波纹、树枝、田埂、地平线，或者野草、潮水、水面等形成的线条，往往会对画面构图产生显著影响。摄影师在取景构图时，要充分利用这些景物所形成的线条效果，为画面增添秩序感和层次感。

在处理具有横向延展性的线条时，最好

火烈鸟　杨卫斌摄

拍摄器材：佳能 EOS 5D Mark IV，EF 600mm f/4L IS II USM 镜头

拍摄数据：光圈 f/4.5，快门速度 1/1000s，感光度 ISO640

拍摄手记 这张火烈鸟照片拍摄于南美苏里南一片宽阔的水面。我当时趴在船上，使用佳能 600mm 长焦镜头拍摄，在太阳落山之前，对着太阳下落的角度寻找好机位，然后远远的等待。在太阳红光出现之后开始拍摄，并尝试慢慢靠近。最后，火烈鸟的排布如同乐符般充满美感，在金光灿灿的水面映衬下，形态生动自在。背景中的水平线条将画面分割，形成稳定结构；虚化的落日则与火烈鸟形成三角形构图，并渲染出强烈的空间感。

能使其方向一致，因为交错的线条容易使画面混乱。此外，像地平线、堤坝等横向线条要注意其水平性，尽量与画面的上下边缘相平行，以增加画面的稳定感。但有时摄影师也会故意将其倾斜，来表达一种活泼感和动势效果，不过这要根据具体的拍摄情况来把握。对于本身具有动感的曲线、折线等线条形态，要注意主体与线条的位置关系，可以利用其延展性来深入画面，引导观者视线的同时，突出画面主体。

黑脸琵鹭　杨卫斌摄

拍摄器材：佳能 EOS 5D Mark IV，EF 600mm f/4L IS II USM 镜头

拍摄数据：光圈 f/6.3，快门速度 1/8000s，感光度 ISO125

拍摄手记　拍摄水鸟通常采用低机位效果更好。黑脸琵鹭到了傍晚涨潮时，一般会飞往海边觅食。在太阳落山之前，我找好角度慢慢靠近拍摄，并等待它们自然地依次起飞（如果是受到惊吓起飞，会很杂乱，也会干扰到鸟儿，不可取）。水面上一字排开的鸟群，与天空中飞行的鸟群形成静对比之势，同时背景中的水平线与鸟群在视觉上形成排列线，带来排列形成的节奏感。

（2）生动形象

在一些鸟类中，尤其是大型鸟类，其自身就具有生动的线条可供表现。比如，鹤、孔雀、鹭等，都以美丽的线条著称。在拍摄时，我们要充分利用这些鸟类自身的线条，来表现它们的优美姿态和美丽形象。这需要摄影师仔细观察，巧妙构图，分析鸟儿不同姿态下的线条特征，如扇动翅膀时的身线、踱步时的身线、卧地时的线条特征等，从而找到最富活力和个性的线条姿态，来展现鸟类卓然不群的生动形象。此外，有些群居的鸟类还会排列出优美的线条，如雁在飞行时就会排成"一"字或者"人"字，形成一道独特的风景。这都需要摄影师有一双慧眼去发现。

雪鸮　视觉中国 500px 供图

拍摄器材：尼康 D850，AF-S Nikkor 600mm f/4E FL ED VR 镜头

拍摄数据：光圈 f/4.0，快门速度 1/1000s，感光度 ISO400

拍摄手记 为了刻画雪鸮在飞行中呈现出的生动形态，采用超长焦镜头追踪拍摄；而在雪鸮正面飞来的瞬间，采用连拍模式捕捉，然后从中选择出最精彩的动态瞬间。扬起的翅膀在正面角度下形成生动的"V"字形，雪鸮的面部刻画清晰、生动，充分展现了雪鸮优美与野性并存的形象特质。

一家子　视觉中国 500px 供图

拍摄器材：不详

拍摄数据：不详

拍摄手记 采用黄金逆光刻画出小鸟毛茸茸的可爱形态，并利用深暗的草地背景作为衬托，更加突显其形态。在小鸟排成"一"字形的时候准确捕捉，展现雏鸟与鸟妈妈之间亲密的情感，引人联想。

11. 林鸟的最佳拍摄时间和聚焦方法

（1）最佳拍摄时间

　　对于拍林鸟的季节来讲，最佳时间是在春季。初春时节，林鸟处于发情期，大多都会停留在比较醒目的枝头欢快鸣叫，以吸引异性。而且此时的树木刚刚发芽，枝头已有鲜嫩的绿色，但又不会太浓密，视透性好，是观鸟、拍鸟的好时机。此外，春末夏初是林鸟繁殖的季节，这时的鸟儿会频繁地在其鸟巢附近活动，若能够寻找到它们的鸟巢，守株待兔，就可获得丰富的动态影像画面，如筑巢、交配、孵卵、育雏、捕食等，大大提高拍摄的成功率。

五只可爱的小燕子　视觉中国 500px 供图

拍摄器材：尼康 D600，AF-S Nikkor 200-500mm f/5.6E ED VR 镜头

拍摄数据：光圈 f/9.0，快门速度 1/1600s，感光度 ISO2200，自动白平衡

　　拍摄手记　春末夏初时节，是拍摄雏鸟的最佳时段。在林间枝头很容易发现雏鸟和哺育雏鸟的精彩画面。拍摄这张照片时，我利用枝条的线状结构以形成构图形式，并引导观者视线，强化枝条上排列的小燕子的各种情态。注意光线对鸟羽的刻画，在小鸟展开翅膀的瞬间进行拍摄，可以将小燕子嗷嗷待哺的状态淋漓尽致地展现出来。

冬季因为树叶尽落，可以较清楚的观看、拍摄到林鸟，但环境缺乏色彩，画面更多依靠线条和鸟的形态来表现，对构图的形式感提出较高要求。对于一天中的拍摄时刻，拍摄林鸟以清晨和黄昏为佳。此时林鸟最为活跃，四处觅食，且光线柔和，富有色彩。

（2）聚焦方法

因为林鸟活泼好动，经常上蹿下跳、行踪不定，如何快速定位、准确瞄准是拍摄的关键。而且因为拍摄林鸟时大多使用远摄镜头，视角狭窄，对寻找目标会造成困难，这一方面需要依靠过往的拍摄经验，另一方面也要掌握技巧。如果你使用的是远摄变焦镜

橘黄色天空下的动植物剪影　视觉中国 500px 供图

拍摄器材：佳能 EOS 5D Mark II

拍摄数据：光圈 f/6.3，快门速度 1/640s，感光度 ISO400，手动白平衡

拍摄手记 注意选择拍摄角度，将站在枝头上的小鸟与夕阳完美结合。构图时，将小鸟和太阳构置于中心位置，并利用枝条的三角形结构来增强画面的形式感和稳定感。注意画面的曝光控制，对天空亮度测光。

头，发现目标时，可以先将镜头调至广角端，以较大的视角快速找到目标，然后针对目标在画面中的位置变焦至长焦端拍摄；如果你使用的是定焦远摄镜头，发现目标后，可以参照目标附件较为明显的景物，先寻找到景物，再以此为参照寻找到林鸟。

在拍摄林鸟时，因为其身处的复杂环境，多有枝叶灌丛等物的遮挡，容易对相机的自动聚焦系统产生干扰。如果在拍摄时过分依靠自动对焦，势必会在拍摄时出现因为聚焦不准而错失拍摄机会的问题。此时，可以使用超声波马达功能，以实现自动对焦和手动对焦相结合的方式，在发现自动对焦不够准确时，在不用切换对焦模式的情况下完美实现手动对焦，以保证快速准确地实现清晰对焦。在准确聚焦后，不要迟疑，果断按下快门。

热带雨林中的扭嘴犀鸟　视觉中国 500px 供图

拍摄器材：佳能 EOS 5D Mark Ⅲ，EF 500mm f/4L IS USM 镜头

拍摄数据：光圈 f/4.0，快门速度 1/500s，感光度 ISO500，手动白平衡

拍摄手记 利用周围枝叶产生的空隙来营造构图形式，包围状的枝叶形成包围式构图，主体在包围结构中得到突显。这种构图形式是在拍摄林鸟时经常采用的一种角度和构图方式。

12. 游禽的最佳拍摄时间和构图方式

（1）最佳拍摄时间

就拍摄季节来说，冬季是游禽的最佳拍摄时间。我国是游禽主要的越冬地，此时的游禽会集中栖息在湖泊、河流、鱼塘、沼泽地中，数量多时甚至会覆盖整个水面，容易获得场面壮观的大场景画面。而夏季因为是它们的繁殖期，主要适合拍摄发情、交配、筑巢、孵卵、育雏等镜头。至于一天中的最佳拍摄时刻，则主要集中在清晨和黄昏时段，此时游禽活动频繁，光线效果也是最佳。

日出雪雁飞　视觉中国 500px 供图

拍摄器材：佳能 EOS 5D Mark III，EF 300mm f/4L IS USM 镜头

拍摄数据：光圈 f/5.6，快门速度 1/1250s，感光度 ISO0800，自动白平衡

拍摄手记　选择初冬的清晨前往湖边拍摄，晨雾为水禽营造出了梦幻般的环境氛围，加之黄金光的渲染效果，画面呈现颇为精彩。使用长焦镜头捕捉鸟群起飞的瞬间，使飞起的鸟群与水面的鸟群在情势上形成动静对比的效果，从而增加了画面的表现张力。

湖中鸳鸯振翅的特写　视觉中国 500px 供图

拍摄器材：佳能 EOS 5D Mark III，EF 500mm f/4L IS II USM 镜头

拍摄数据：光圈 f/4.0，快门速度 1/800s，感光度 ISO2500，自动白平衡

拍摄手记　尝试捕捉鸳鸯的特写，注意在镜头中观察鸳鸯梳理羽毛的动作，捕捉其身体离开水面展翅时的生动情态。黄金光线刻画出鸳鸯的立体形态，并使羽毛色彩更加饱满。构图时，需注意在鸳鸯前方留出足够的空间。

（2）最佳构图方式

因为游禽大多数时间是在水中游泳或潜行，身体基本平行于水面和地面，所以在画面构图时，不管是单体还是群体，都较适合于横构图，使画面更显稳重。此外，在处理主体位置时，不要将主体放置于画面的中心位置，否则会使画面显得呆板。而且我们现在使用的镜头大多是自动对焦镜头，且习惯性地使用中心点对焦，这也使得这种构图更容易出现。因此，在拍摄时要注意先锁定焦点再重新构图。另外，因为环境因素，比较容易遇到倒影，故而可以营造主体与倒影相映成趣的画面效果。在构图时，可以尽量将倒影也纳入画面。当拍摄游禽游泳的画面时，可以将游禽置于画面的一端，保留长长的水波纹来使画面呈现出更强烈的动感和趣味性。

小鸭家族游泳的蓝色全景　视觉中国 500px 供图

拍摄器材：佳能 EOS 5D Mark III，EF 500mm f/4L IS II USM 镜头

拍摄数据：光圈 f/7.1，快门速度 1/2000s，感光度 ISO1250，自动白平衡

拍摄手记　采用横画幅构图，水平展现小鸭家族在水中悠游的可爱形态。注意强化小鸭子游动时产生的长长的水波纹与周边平静水面所形成的对比效果，以增加现场的情景感。

双飞　王钱平摄

拍摄器材：佳能 EOS 5D Mark III，EF 500mm f/4L IS II USM 镜头

拍摄数据：光圈 f/6.3，快门速度 1/1000s，感光度 ISO280，自动白平衡

拍摄手记 选择日出或者日落前的逆光或者侧逆光拍摄，为画面实现了更好的光影层次。准备设备，一部支持高速连拍的数码相机和一支灵活的长变焦镜头，更方便构图。提前观察拍摄目标，对它们的动态做出预判，从而大大提高拍摄的成功率。使用高速快门可以保证画面清晰；大光圈可以简化环境，进一步突显主体。构图时注意两只天鹅的均衡排布，尤其是在前面一只天鹅的前方要留出更大一些的空白，以增加视觉上的协调感。

13. 涉禽的最佳拍摄时间和构图方式

（1）最佳拍摄时间

涉禽大多体型挺拔修长，喜欢在浅水和岸边涉水觅食，姿态优雅，深受拍鸟摄影者的喜爱。在我国，涉禽的主要代表有丹顶鹤、白鹭、黑鹳等。就拍摄季节而言，冬季是拍摄涉禽集群栖息的最好季节。此时的它们会成群集结在湖泊、河流、沼泽等浅水区和岸边，容易被发现和靠近。而且它们群栖群飞的习性也非常利于拍摄大场景画面。春秋时节也比较适合拍摄群居类涉禽。群居类涉禽

阿尔巴尼亚的迪贾卡泻湖　视觉中国 500px 供图

拍摄器材：尼康 D810，500mm f/4 镜头

拍摄数据：光圈 f/4.5，快门速度 1/1250s，感光度 ISO1000，手动白平衡

拍摄手记　秋冬季节的白鹭喜欢聚在一处，此时便于拍摄白鹭的群体肖像。利用天空的彩霞与水面反光营造出的生动的光色氛围，捕捉动态和静态共处一画的白鹭瞬间，同时注意控制画面的景深范围，要求既能够清晰呈现鹭群的形态，又能够很好地虚化前景和背景，达到虚实相衬的效果。

在我国多是在此时迁徙，数量庞大，所以在拍摄时要掌握好它们的活动规律，何时到来何时离去，以及它们主要的栖息地。此外，春夏两季可以主要拍摄涉禽的繁殖画面，最为常见的如鹭类。鹭类在繁殖时喜欢集群筑巢于树上，比较容易被发现和拍摄。

白鹭与小白鹭　吕振月摄

拍摄器材：不详

拍摄数据：不详

拍摄手记　春夏是拍摄生动的白鹭亲子画面的季节。平静的水面因为反射蓝色的天空光展现出生动的冷色调，而被黄金光线塑造的白鹭则与冷色调的水面环境产生动人的对比，不仅增加了鹭鸟形态的吸引力，还营造出静谧的画面氛围。在构图上，捕捉一大一小两只鹭鸟分向而动的瞬间，则增加了形式上的趣味性。

（2）最佳构图方式

涉禽因为体型较大，且挺拔修长，喜欢在岸边和浅水区域活动，所以在拍摄群体照片时，比较适合采用横构图；拍摄个体涉禽时，则适合采用竖构图，以使画面更加饱满、协调。此外，因为涉禽的生活环境因素，在构图时尤其要注意对背景的处理，取景时可用水面做背景，力求简洁；也可使用大光圈虚化背景，突出主体。另外，要注意画面中水平线条的平衡，涉禽生活环境中横线条元素较丰富，如地平线、水面、田埂、堤坝等，在构图时要保持其水平状态，避免给人以倾斜感，破坏画面的稳定性。

黑鹳　唐振明摄

拍摄器材：佳能 EOS-1D X Mark II，EF 400mm f/2.8L IS II USM 镜头

拍摄数据：光圈 f/4.5，快门速度 1/200s，感光度 ISO400，自动白平衡

拍摄手记 黑鹳是世界濒危鸟类，属国家一级保护动物，目前全球仅存 2000 多只，被称为"鸟中大熊猫"。黑鹳在河北省石家庄市平山县井陉冶河、平山滹沱河流域繁衍生息。2020 年 1 月 1 日早上 6 点多，黑鹳从岩壁的鸟巢里飞到河边觅食，井陉冶河在阳光的照耀下，波光粼粼，河道还升起了晨雾，我用 400mm 镜头和侧逆光、暖色调拍摄了这张照片。

拍摄涉禽，其拍摄角度对画面的影响非常显著。在拍摄大群的涉禽鸟类时，最好采用较高的拍摄角度俯视拍摄，以增加画面的纵深感和空间感，使群体中的个体能够予以区别，使个体表现清晰明朗、错落有致。在拍摄小群体或者个体涉禽时，可以将三脚架调低，使用平视或者低角度仰视拍摄，以达到一种平视或者略微仰视的视觉效果，如此既可拉开主体与背景的距离，又可使画面稳定，带给人厚实、亲切的视觉感受。

黑尾塍鹬　视觉中国 500px 供图

拍摄器材：尼康 D7200，AF-S Nikkor 200-500mm f/5.6E ED VR 镜头

拍摄数据：光圈 f/8.0，快门速度 1/640s，感光度 ISO800，自动白平衡

拍摄手记 选择低角度平视拍摄，生动展现了黑尾塍鹬的体态特征。黄金光线塑造出其立体轮廓，也增强了塍鹬在视觉上的生动性。背景被强烈虚化，抽象成光影效果的背景使画面看上去梦幻美丽，冷色调也与塍鹬形成很好的对比效果。

14. 陆禽的最佳拍摄时间和构图方式

（1）最佳拍摄时间

陆禽主要为雉科鸟类，如我们通常说的野鸡。它们喜欢在地上活动，以华丽的羽色和求偶方式著称。拍摄陆禽有两个较好的季节，一个是冬季，雉科鸟类会集结在一起，从海拔较高的密林迁徙到海拔较低的平地、农田、村庄附近觅食，由于群体大，所以胆子也大，比较容易靠近拍摄。另一个是春季，雉科鸟类虽分散，春季却是其寻求交配的季节，此时的雄鸟会在较开阔的区域展现发情、炫耀、鸣叫、争斗等行为来吸引雌鸟。因为雄鸟专注于炫耀

用叫声求偶的雄雉　视觉中国 500px 供图

拍摄器材：尼康 D3s

拍摄数据：光圈 f/4.0，快门速度 1/640s，感光度 ISO900，自动白平衡

拍摄手记　捕捉雄雉求偶的生动瞬间。为了突显雄雉求偶时的雄性魅力，采用低角度仰视拍摄，使其形态看上去更具气势。

和争夺领地，所以比较容易靠近拍摄，利于拍摄出精彩的求偶照片。此外，一天中的最佳拍摄时刻是在清晨和黄昏，因为雉科鸟类一般会在清晨外出觅食，中午到树林阴凉处休息，下午再外出觅食，所以晨昏时分是雉科鸟类一天中的活跃期，比较容易被拍摄。

野鸡（秋雉）　视觉中国 500px 供图

拍摄器材：不详

拍摄数据：不详

拍摄手记　捕捉野鸡觅食的生动瞬间。采用长焦镜头清晰聚焦，着重刻画其在明亮光线下闪亮美丽的羽毛及其富有流线型的身姿。四周环境的强烈虚化，增强了野鸡的视觉吸引力，也营造出一种野趣。

（2）最佳构图方式

陆禽的生活大多很有规律，活动路线和夜宿地都比较固定，所以只要发现它们然后隐蔽拍摄，效果一般都不错。此外，在你靠近雉科鸟类时，动作要轻，速度要慢，且要直线靠近，不要采取横向移动的方式，因为雉科鸟类对横向运动的事物比较敏感。

在拍摄时，以平视角度为佳，因为雉科鸟类的生活环境比较复杂，主体很容易与背景混杂在一起无法被突出。平视拍摄既可以拉开主体与背景的距离，又可以稳定画面。此外，也可以采用小景深虚化背景、简洁画面，来突出主体。

黄金时刻的金雀　李明珂摄

拍摄器材：索尼 ILCE-7RM3，FE 70—200mm F2.8 GM OSS + 2X Teleconverter 镜头

拍摄数据：光圈 f/5.6，快门速度 1/800s，感光度 ISO100，自动白平衡

拍摄手记　本来我是去拍日落时分的湖面，拍完刚要往停车场走，正好看见公园管理人员出来放孔雀，于是马上构思出孔雀在金色湖面前闲庭信步的画面。为了不惊扰到孔雀，我马上换上 70—200mm 长焦镜头和 2 倍增距镜。功夫不负有心人，终于在黄金时刻的尾声收获了这张照片。

作者简介

高振杰

中国摄影家协会会员、中国文艺评论家协会会员、昆山市摄影家协会副主席、视觉专栏作者、摄影图书作者、资深摄影编辑，早年毕业于大连医科大学摄影专业，曾在出版社、艺术高校任职，现供职于昆山市融媒体中心，专注于街头摄影创作和摄影理论研究，出版个人摄影著作十余部，在《中国摄影报》等权威报刊发表摄影理论评论文章百万余字，摄影作品多次参展国内摄影艺术大展，出版物多次获省级出版奖等。

视觉中国 500px

500px 是视觉中国旗下的全球知名的专业摄影师与摄影爱好者社区。社区目前拥有来自 195 个国家的超过 2300 万注册用户，其中海外注册用户超过 1800 万，国内注册用户超过 500 万；累计上传图片超过 2.2 亿张，海外累计社交互动（点赞、评论、分享等）122 亿次，月活跃人数超过 100 万人。

通过 500px，用户不仅可以发布作品、欣赏佳作、交流拍摄技巧、作品投稿大赛、创建个人主页、记录拍摄历程、学习摄影知识，还可以享受云端存储、内容传播与版权变现、版权保护等一系列专业服务。目前社区举办各类摄影、视频比赛超过 2000 个，有 1123 个摄影爱好者的聚集地——部落。

500px 摄影社区新媒体账号在海外拥有 500 万粉丝（instagram129 万、twitter336 万、facebook85 万），在国内拥有近 100 万粉丝（微博 62 万、微信 16 万、小红书 11 万等），也是小红书官方摄影合作平台、视频号官方合作伙伴。（全书图片除特别注明外，均由视觉中国 500px 供图，其中按照摄影师与视觉中国 500px 的约定，按照摄影师意愿决定保留姓名与否）

AI摄影助手

随时随地为你解答摄影疑问！

作者摄影讲堂

与作者同行，深入光影艺术的精髓。

摄影灵感库

看本书配套摄影技巧，探索摄影的无限可能。

创意后期教程

学会Photoshop，让你的照片充满创意。

"码"上进入 线上

光影实验室

驾驭光线魔法　捕捉瞬间的美